姑娘，你的光芒无可抵挡

杨紫惠 著

中华工商联合出版社

图书在版编目（CIP）数据

姑娘，你的光芒无可抵挡 / 杨紫惠著 . -- 北京 ：
中华工商联合出版社，2019.1
ISBN 978-7-5158-2444-4

Ⅰ．①姑… Ⅱ．①杨… Ⅲ．①女性－成功心理－通俗
读物 Ⅳ．① B848.4-49

中国版本图书馆 CIP 数据核字 (2018) 第 299703 号

姑娘，你的光芒无可抵挡

作　　者：杨紫惠
特别策划：胡小英　陈玉新
责任编辑：胡小英
封面设计：黄倩颖
责任审读：郭敬梅
责任印刷：迈致红
出版发行：中华工商联合出版社有限责任公司
印　　刷：三河市三佳印刷装订有限公司
版　　次：2019 年 7 月第 1 版
印　　次：2019 年 7 月第 1 次印刷
开　　本：880mm×1230mm　1/32
字　　数：168 千字
印　　张：8.5
书　　号：ISBN 978-7-5158-2444-4
定　　价：39.80 元

服务热线：010-58301130
销售热线：010-58302813
邮箱地址：北京市西城区西环广场 A 座
　　　　　19-20 层，100044
http ://www. chgslcbs. cn
E-mail : cicap1202@sina.com（营销中心）
E-mail : gslzbs@sina.com（总编室）

工商联版图书
版权所有　侵权必究

推荐序一

欣闻好友杨紫惠女士的新作《姑娘，你的光芒无可抵挡》付梓，邀约我为新书作序。这让我不禁重新审视自己，作为一名女性，应该如何去历练自己，塑造出一个更完美的自我？

如果你是女生，智慧和美丽你会选哪个？

这是个有趣的问题！相信不同的人会有不一样的答案。假如我现在20岁，我肯定会选择"智慧"，但在经历过人世沧桑后，现在的我会选择"智慧"与"美丽"并存！

美国加州大学在2007年曾做过一项关于美貌的研究，研究结果发现：漂亮人儿的薪水比相貌平庸者高出了12%，更令人恨得牙痒痒的是，老师给他们的考试分数也较高。相较于那些长相普通的同龄人来说，外貌俊俏的人的确能得到更好的对待与机会，拥有更高的权力，能从老板和完全陌生的人那儿获取更多的特殊待遇。不管你是否接受，我们必须承认，外表确实很重要，在现今的社会上，漂亮的男女往往因其美貌能获得更多益处。

可到底多美才叫美？怎样才是历久弥新、经得起考验的美？

美国心理学家进行过这样一项研究：他们让一群人鱼贯进入一个房间并做自我介绍，全程录影下来后，他们找来一些陌生人观看录像，并请他们选择其中最喜欢的人。结果发现外表是最不重要的入选因素，"气质魅力""情感表达"和"人际互动"的整体能力更胜过美貌。

研究结果十分合理。之前我在街头看到不少脸蛋很漂亮的男孩女孩，但总觉得千篇一律，索然无味。会让我眼前一亮的，都是那些气质出众、装扮得宜、整体风格和谐的人，我甚至看不清楚他们的长相，但就是感觉他们真的很美，这种美是无法复制的，它出自个人的修养，是美貌与智慧融合的体现。

外表的美只能取悦一时，内在的美才能经久不衰，女人不是因为漂亮而美丽，而是因为美丽而漂亮。无论你现在是一名正当青春，可以大把挥霍时间的少女，还是一名正在被生活和工作边缘化，不再自信的妇女……我想，你都应该认真地读读这本书，学会如何在这几十年的短暂时光中，将自己的魅力充分地焕发出来。

在我看来，一个女人如果长得不够漂亮，那就一定要活得漂亮，活得精彩。无论什么时候，渊博的知识、良好的修养、优雅的谈吐以及一颗充满爱的心灵，一定可以让一个人熠熠生光。活得漂亮，就是活出一种精神、一种品位、一份至真至性的精彩。一个女人，只要不自弃，就没有谁可以阻碍你进步，阻止你变得更完美！

洋鼹鼠跨境电商平台 CEO

推荐序二

　　惠惠的这本书稿我从去年看到今年，从北京带到三亚、到迪拜、南非，又回到北京。慢慢看是为了思考，同时审视我们的生活，以惠惠和我的角度尝试思考我们的人生。

　　这中间我们又相聚多次，工作，聚餐，时间从指尖慢慢滑过。我在观察惠惠，她为什么要写这样一本书？我试图在这本书中找到答案。

　　我们的生活忙忙碌碌，充实而有内容，平淡而无奇。首先我们都是非常安静的人。在现在这个浮躁的社会里要想保持心境的安宁不是一件容易的事。把自己的工作做好，把自己的家经营好，才能为社会做贡献。其次，我们都是非常厚道的人，善于察言观色，照顾别人，总是先顾及别人的感受，别人是否高兴，然后才会想到自己。我把我们的工种统称为服务行业，为明星服务，为客户服务，为公司服务，为项目服务，为广告拍摄服务，为活动服务。只有客户们满意了，我们才能在忙碌过后体会到稍许欣慰和放松。

细数书中的主人公，各行各业，各种境遇，代表的都是生活中独立的女性。惠惠从河北来到北京，努力工作，辛勤付出，打拼出一片自己的天地。之前她住在位于北京北五环外的昌平区多年，每次我们一起工作她都要付出比其他人多出三四个小时的时间奔波在往返的路上。无论春夏秋冬，每次见面第一眼看到她，她总是面带微笑，让你觉得可靠、踏实。辛苦都是一样的，关键看你怎么对待，怎么面对生活。惠惠给我传递的一直是一种谦逊、稳重、勤恳和友爱的信息，让我感到由衷的温暖。

春节后在南非旅游的半个月，也让我有机会和更多的时间脱离紧张的工作，在放松的环境里做一些思考。作为一个进入中年在外企工作已经二十年的高级管理层女性，除了工作的压力，同时家里有年迈的双亲和年幼的女儿，各种事务和责任让我在日常生活中没有好好思考的时间。在阅读这本书的同时，我感到自己成为一幅拼图中的一块，我尝试着进入每一个女主人公的故事，体会她们的心路历程。因为有了我，有了惠惠和书中每个女主人公，我们共同拼凑出了一幅完整的画面。这就是生活和人生。

像惠惠一样，我们都不是女权主义者！我们不是名人，不是有钱人，不是特殊阶层，也不是国色天香的美女！我们擅长的可能只是自己的工作，只能做到在自己固有的圈子里游刃有余。但是我们在努力，在争取，在积极面对，在接受挑战，在认认真真地付出。我们愿意做好这块小小的拼图，为了成就这幅美丽的图画，站好我们的位置。

每个女性都在用自己的生活写一本书。或喜，或悲，或平淡，或坎坷，都需要一步步地走，一点点的累积。我从不羡慕别人，也不窃喜自己的小成就。我们感恩父母，感恩人生的丰富，感恩对于我们有知遇之恩的每一个人。希望我们的真诚付出，使每一位读者、每一个有缘相识的你不只是我们生活中的一位过客。让我们有缘共同分享每一个用人生演绎的故事！

　　谢谢惠惠！

IMG 集团中国区高级总监

序

有时候，你走过节日的街头，看着一对对恩爱的情侣，想着要回到那一个人的屋子，你对自己抱怨："这不是我想要的生活。"

有时候，你工作了一整天，拖着疲惫的身体走进家门想要倒头就睡，但手机刚好响起，你需要继续加班，你对自己叫嚷："这不是我想要的生活。"

有时候，你无来由的挫败感顿生，你渴望爱人给你一个拥抱，但他的眼里却只有事业，嫌你妨碍他的工作，你觉得委屈："这不是我想要的生活。"

有时候，你面对着每天的柴米油盐，想着大学刚毕业时的雄心壮志，你曾经笃定自己会成为一个优雅的女性，但现在你却被生活所累成了年轻的欧巴桑，你对自己愤怒："这不是我想要的生活！"

没有一个女性甘于过琐碎而枯燥的生活，只是很多女人在被生活折磨得筋疲力尽之后，只好安慰说："这平淡才是人生的真谛。"但是，如果真的让她有再一次的选择，她第一个会推翻这种"平淡"。

"去你的岁月静好，我要过自己想过的生活"，这才是很多女人真正的心声。

可能大多数女人都过着自己不喜欢的生活，但人生没有再来一次的机会，你又能怎么做呢？

科学家说，在宇宙里会有一个平行的世界。那么女人便可以自我安慰，在那个世界里，我过着自己想过的生活。

然而，你是否还应该这样想：为什么那个世界的你可以自由自在，而这个世界的你就必须被生活束缚呢？是谁让两个平行的世界没法在一起呢？

其实是你自己。

生活的种种让你倍感疲惫，你对自己愤怒、无奈，你觉得委屈、酸楚，但有谁说过你不能改变吗？

有女人说：我没有钱，没有能力，连青春都要逝去了，还怎么改变？

我要说：这个世界上，没有钱但活得精彩的女人很多，没有能力一样出彩的人生也有很多，对于女人来说，青春不是以年龄为界限的。

　　我是一名时尚造型师，我的职业让我接触了很多女人，有些女人让我羡慕，有些女人令我惋惜，有些女人活得无比精彩，有些女人自己已经放弃了自己。

　　有的时候，我会想，大家同样是女人，是什么造成了这么大的不同。不是金钱、地位、年龄、出身、学历，而是心态和思维方式。

　　因此，我才笃定一个想法，世界上不会有过得不幸福的女人，有的只是在这个世界中不敢实现自己的幸福，转而将希望寄托在平行世界中另一个自己身上的女人。

　　女人，你为何要如此怯懦？

　　作为一名造型师，我曾经用我的双手让无数的女人变得更加美丽，而现在，我更想通过我的文字，帮助我的读者重新拾起对自己的信心，让你与平行世界中的那个自己合为一体，让你遇见那个更完美的自己。

也许时间不能倒流，但未来掌握在你的手里，没有人说过你一定要做现在这个令自己不满意的人，只要愿意，改变其实是很简单的事情。

目 录

第1章 看见，自己！

你是水还是火？看见最真实的自我

当你自己选择了与众不同的生活方式后，又何必在乎别人用与众不同的眼光来看你。

——多丽丝·莱辛

1

每个人的人生都只有一次，如果，你不能活出自己的模样，如果，你让别人的想法取代了自己的梦想，那么，你到底是谁呢？

不知道你是否有这种感觉，在社会中摸爬滚打久了，常常会有一种失落感，好像拥有的越多，反而越无所适从。

银行里的存款一天天在增加，人生的阅历一天比一天丰富，所有"梦寐以求"的东西，都一步步地被实现，生活似乎正朝着当初规划好的方向策马狂奔，可唯独预期的那种幸福感与满足感爽了约。

于是不禁感叹，怎么越长大越不安，心越寂寞呢！

如果你的心里也有这样的迷茫，那么不妨停下脚步来，花点时间去问自己一个简单的问题：我到底是谁？

这个问题看起来简单又无厘头，你可能在一分钟之内给出好几个答案——我是某某某，我是化妆师，我是作家，我是某人的女儿，我是某人的妻子，是某人的母亲……

但是，一个人的社会角色并不能完全代替他本身，我们都应该有那么一个时间，不是别人的谁，不是职场里的一类人，而单单纯纯的只是我们自己。

人是社会性动物，习惯了群居生活，所以从某种程度上说，需要被关注、被关爱，需要得到社会认可，这种需求已经在我们的血液里根深蒂固了。

因此，为了成为一个合格的社会人，我们从出生起就在接受社会教给我们的各种规则和观念，却很少关注自己最真实的那一面。

社会喜欢稳重，所以我们仪态万方；社会要求和善，所以我们面带微笑。我们花尽心思去成为一个别人眼中的优秀的人，却渐渐习惯了戴着面具生活，忘记了自己是谁。

但，每个女人原本都是一个个性鲜活的独立个体，有的温柔可人，有的张扬洒脱，有的沉静如水，有的热情似火，好与不好是别人眼里的，但对自己来说，这就是你最真实的样子，独一无二，且弥足珍贵。

我们可以修饰和装点，让自己成为更好的人，可以稍作改变去迎合他人，顺从社会，但是，这绝不是要我们回炉重造，去变成一个全新的，抛弃过往一切的人。

我们得到的所有社会认可，都应该是建立在一个真实的自我的基础上，如果为了取悦别人就把自己打造成一个全然不同或者没有独立人格的人，那么即使得到再多的鲜花和掌声，它们也不属于你，因为这些喝彩不是给你的，而是给那副精心伪装出来的虚假皮囊。

　　从古至今，相貌丑陋的女子多如牛毛，为什么偏偏是东施成了丑的代名词？这不是因为她丑，而是因为她想要通过效仿来成为别人，结局当然只能是被人当作笑柄，贻笑万年了。

　　无论是事业还是爱情，我们都常常会用合不合适来形容，其实所谓的合适，无非就是适合自己的，而这种适合，就像买鞋，漂亮是别人眼里的，舒不舒服却只有自己的脚知道。

　　一份工作可能千百个人都说好，但是如果你做起来不顺心，那么它再好对你来说也没有意义；一个男人是大家公认的青年才俊，但是如果你不喜欢，那就算收获所有人的祝福，你也很难甘之如饴。

　　所以，好与不好，到头来评判人只能是你自己。

2

　　H是少有的那种第一次见面就给我留下极深刻印象的人。

　　那时，作为国内刚刚崭露头角的新锐设计师，她被邀请去参加一个知名时装机构的年终晚宴，经朋友介绍，H找到我做她的造型师。

　　我们约在她的工作室见面，一进门，她笑着指着架子上的一件白色套装对我说："这就是我在晚宴上要穿的衣服。"

　　见我有些吃惊，她爽朗一笑，补充道："我这个人就喜欢特立独行。"

那是一件白色的连体裤，下身是时尚的高腰直筒裤，又因上身是无袖交叉绑带露胃装，所以显得腿部更加修长。柔软有垂度的面料让整件衣服有了一种飘逸的味道，其修身的设计又使她性感不失干练。

总之，那是一件优雅又时尚的衣服，如果放在平时，我一定觉得它很酷，但是，放在晚宴这样的场合，似乎就有些不妥了，毕竟端庄典雅的长裙和优雅高贵的礼服才是宴会的主流。

但我也知道，这次的晚宴将汇集众多国内外著名的设计师和时尚界人士，H对此非常重视，这件衣服她一定不是随随便便选出来的。

所以，我能做的只是尽我所能，为她搭配一套符合这件衣服气质，同时又能在晚宴这样的场合中出彩的妆容。

我跟她沟通了我大致的想法，她觉得很满意，之后，她带我参观了她的工作室。

那时，她正在筹备一次主题为"迷狂"的时装秀，已经完工的作品整齐地陈列在工作室一旁的衣架上，那些设计色彩明艳，剪裁大胆，看起来狂野而肆意，个性鲜明，美如梦幻。

见我看得有些出神，她问："你觉得这几件衣服怎么样？"

我很真诚地回答："说实话，我可能不太敢尝试这种风格的衣服，但是我觉得它很有设计感，是你的风格，很酷。"

她笑着说："You are a nice girl."

她并不认为我真的喜欢那些作品。

　　我可以理解她的心情，因为自从几年前开始在国内时尚界崭露头角时起，她的设计就一直备受争议。一些人对她的作品爱到极点，成为狂热粉丝，另一些人却倍加抨击，批评她的设计毫无内涵，只是利用夸张元素来博人眼球。

　　但她不声不响地，就这样在质疑声中杀出了一条血路，在时尚圈里争得了一席之地。

　　看过那些设计，我有一些理解了她为什么坚持穿那件在外人看来并不适合晚宴的衣服去赴宴——那其实就是一种宣誓，是一种保持真我的态度。

　　她对这场晚宴的重视方式，并不是勉强穿上不适合自己的礼服或者中式旗袍，来迎合宴会或者西方人对东方人的主流审美，而是不伪装，不做作，把最真实的那个自己坦率地展现在众人面前。

　　晚宴的结果跟以前一样，喜欢她的人依然是对她大胆的做派大加赞赏，而看不上她的人仍旧说她故意用这种方式来博眼球，炒作自己。但不管外界怎么评说，H依然是她自己，依然设计着特立独行的衣服，保持着特立独行的行事风格。

　　后来H请我吃饭，我问她晚宴的收获，她大大咧咧地一笑："收获嘛……就是所有的老外都记住了我啊，因为我是当天晚上最有特点的中国女人，哈哈！"

　　认识H之后，我也曾好好地反思了我自己的人生，我很庆幸，虽然总是有许多意外超出掌控，但大体上并没有偏离正确的轨道，我做着自己最喜欢的工作，拥有一群"臭味相投"一起满世界撒欢儿的朋友，我还有一片空白的未来，可以任由我为生命描绘上不同的色彩。这就是属于我的故事。

每个人都应该有属于自己的故事，有与众不同的精彩，因为你就是你，是这世上独一份的无可替代。

3

你是什么样的人，有什么样的愿望和心事，是喜欢热闹还是偏爱寂寞，追求现世安稳还是恣意快活……

这一切的答案，只能由你自己去找寻。

而当你看清了一个真实的自己之后，下一个问题就随之而来了：你对这样的自己满意吗？

其实很多时候，我们之所以宁愿伪装也不愿把真实的自己袒露在他人面前，往往是因为对那个真实的自己不够自信，不够满意。

每个人都希望自己在别人的眼中是完美无瑕的，但事实上，再优秀的人，也不可能做到尽善尽美，所以小心隐藏，倒不如坦然接受。

去年夏大，闺密把阿琳带来介绍给我认识，说是想向我咨询一些关于化妆方面的问题。

在午后满是慵懒气息的咖啡厅里，我第一次见到那个叫琳的女

人。

她跟在我闺密的身后迎面朝我走过来，穿着白色短袖配鹅黄色的高腰小短裙，看起来干干净净的样子，脸上的妆容很精致。

走到近前，我起身相迎，闺密替我们相互作了介绍，她有些害羞地跟我打招呼。

"这是我哥们儿，你有啥问题尽管问！"闺密很不客气地说着，把我推到了琳的面前。

寒暄过后，琳问出的问题有点让我大跌眼镜。

她问我有没有一种化妆方法，可以做到近距离看起来跟素颜一样不露痕迹。

我很耿直地回答她，裸妆是最自然的，妆面干净清爽，看起来宛若天生，但是要说完全不露痕迹是不可能的。

她听上去有些失落，低着头好一会儿没有说话，然后才跟我们说清了其中的原委。

她从小就对自己的容貌没什么自信，18 岁就学会了化妆，觉得化妆后的自己好看了很多，所以渐渐习惯了化妆，到后来甚至到了下楼买个早餐也要化了妆才能出门的地步。

半年前，她交了一个男朋友，每次出门约会，更是精心打扮，从来不敢稍有懈怠。

如今感情稳定，到了可以更进一步的时候，她却犯了难，因为她害怕从来没有见过她素颜样子的男友，会对她妆容之下的真实面貌感到失望。

做造型化妆师这么多年，我自信阅女人无数，但琳是我见到的第一个因为不敢卸妆而烦恼的人，我一时也不知道该如何回答。

接着，一次针对化妆方法的简单咨询，升华成了女人之间的情感倾诉。

我仔细观察她的五官和肌肤状态：典型的东方人肤色，微圆的脸型，大眼睛，小肉鼻，樱桃小口，称不上大美女，但也甜美可爱，以我的经验判断，卸了妆也不会丑到吓跑对方，所以，她的问题显然不是在脸上，而是在心里。

闺密是个直肠子，从不拐弯抹角，直截了当地反问道："你不相信你们之间的感情吗？"

"也不是，他对我很好，我们的感情很稳定，可是……"

"因为卸妆而分手的我还从来没见过，你觉得他是个只认美色的渣男吗？"

"当然不是，他人很好的，只是我自己有些担心。"琳急忙为男友辩解。

"那还担心什么？夫妻一辈子，能忍受你在他面前放屁挖鼻屎的才叫真爱！"

我很赞同我闺密的说法，不过她的心理问题看起来也不是一下就能解决的，所以我建议她循序渐进——每一次的妆都比上一次淡一些，一点一点将真实的面貌展示在男友面前，给他一个过渡的过程。

一个月后，琳兴高采烈地跑来找我，说我的方法非常奏效，她的妆一天比一天淡，直到前几天几乎是全素颜出现在男友面前，但是从始至终他似乎都没有发觉有什么不同，对她的态度也跟以前一样，并没有发生任何变化。

其实琳并不是一个特例，把不自信的一面展现在别人面前确实需要莫大的勇气，但是回避和隐藏从来不是解决问题的根本办法。

这世上什么都拥有的幸运儿只是凤毛麟角，一无所有的可怜人也只是少数，绝大多数，都是像我们这样的普通人，没有哪一方面特别出众，但也没有哪一方面特别欠缺。

而我们能做的，就是接受这个普普通通的自己，爱自己，也等人来爱。

4

你是水还是火？成就更完美的自我！

有这样一句话：没有丑女人，只有懒女人。

事实证明，绝大多数的女生化妆打扮之后都比素颜美丽，所以，如果你懒得装扮，自然就错过了自己最美的瞬间。

而过了三十岁，保养与不保养的差别也会日渐明显，那些从二十几岁就用心保养与爱护自己的女人，看起来总是比同龄人更年轻，所以，如果你懒得保养，就不要去羡慕别人的容颜不老。

当然，在这里引用这句话，并不是要向大家普及化妆与保养的知识，而是想说，其实这世上没有不完美的女人，只有不努力的女人。

所以，在看清自己和接受不够完美的自己之后，还有第三步，那就是努力去成为更好的自己。

海明威曾说："真正的高贵不是你比他人强多少，而是你比昨天的自己进步了多少。"

当一个真实的自我摆在眼前，她在许多方面都差强人意，在某些方面更是拿不出手，不过这都没有关系，因为只要她愿意改变，她在明天将比今天更好。

不够美丽的你，可以学会化一款简单的妆容，学会选择能够衬托自己气质的衣服；工作一天瘫倒在床上玩手机的时候，记得顺便敷上一片面膜，让皮肤跟着身体一起得到放松；周末的午后，从韩剧与泡面的生活里挣脱出来，去健身房痛痛快快地流一身汗，别让身材因为懒惰而走形。

不够聪明的你，可以花些时间多读书，多学习一两项技能傍身，俗话说，勤能补拙，笨鸟先飞，等你专业知识张口就来，外语流利到堪比母语的时候，自然能够咸鱼翻身。

现在平庸不代表一辈子平庸，所有的缺陷都将在努力过后有所改观，只要你愿意利用每一个今天奋起直追，就总会在未来的某一天遇见那个更加完美的自己！

第 2 章 翻阅爱情

爱情不拒绝面包，但别用身体去谈情说爱

所谓恋人，一向是一方爱另一方，而另一方只是听任接受对方的爱而已。幸运的是，偶尔也会有两个彼此热恋而同时又彼此被热恋的情况。

——威廉·毛姆

1

"会思想的芦苇"帕斯卡尔曾经说过一段话：

"一些女人在痛苦悲惨的生活中往往表现得十分吃苦耐劳、安贫乐道，这大多源于她在年轻时拒绝亲友的建议而选择了一段错误的婚姻，等到男人真的如亲友所预料的那样低劣时，她就必须用这种看似乐观的行为来麻痹自己，从而使自己无暇陷入懊悔的痛苦中。"

女人是感性的动物，爱情对于大多数女人的重要性可能是排在人生第一位的。对很多女人而言，一段错误的爱情，很可能是她一生错误的开始。

女人，你选对了自己的爱情吗？

同为女人，金子在感情道路上的进展，总是快得超出我的想象。

我单身，她热恋，我恋爱，她结婚，我分手，她怀孕，我还享受着都市单身女青年的自由的时候，她的小儿子已经能上街打酱油了。

她的爱情，从最初的烈火烹油，繁花似锦，到现在的柴米油盐，奶粉尿布，说不上完美无瑕，但也足以羡煞旁人。

而她也从一个分不清唇彩和唇膏区别的清纯少女，长成了一个对名牌如数家珍的高贵少妇。

我跟金子相识多年，算不上闺密，是那种经常联系但并不特别亲密的普通朋友。

她老家在吉林农村，因为条件不好，早早出来打工赚钱养家，是典型的穷人家的孩子早当家。

那时我也刚来北京不久，每天铆足劲打拼事业，想要成为一名优秀的化妆师。我们俩在同一个店里上班，又年龄相仿，所以关系比其他人要亲密一些。

记得年终的时候，老板给我们每个人发了 1000 元的年终奖，那对当时的我和金子来说，都是很大的一笔钱，我兴冲冲地拿着这笔钱购置了我人生中的第一套化妆装备，而金子自己却一分钱没舍得花，给她上初中的弟弟买了一双 800 多块钱的耐克运动鞋。

当时我跟其他几个同事都大吃一惊，要知道，平时她可是连淘宝上 100 块钱的衣服都嫌贵的。

看着我们吃惊的表情，她一脸幸福地说："弟弟长大了，要面子，班里的同学都穿耐克，我爸妈一直不舍得给他买，他看见了肯定高兴！"

于是，我们一边自愧不如，一边在心里为她树起了光辉姐姐的

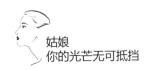

伟大形象。

金子的真名并不叫金子，她只是姓金，因为总想着赚钱，所以我们给她取了这个外号。

工作了两年之后，金子辞职了，去了一家婚庆公司做化妆师，阴差阳错的，遇到了那个改变她命运的人。

他大她十二岁，是一家服务公司的创始人，公司规模虽然不大，但长年承包许多跨国企业的团建项目，效益还算不错。

朋友的婚礼上，离婚两年的他，对站在门口帮着新娘整理妆发的青涩女孩一见钟情。

他对她展开热烈的追求，两个月后，两人确立了恋爱关系。

那时金子对他的感觉，与其说是爱情，不如说是崇拜。他送她大捧的玫瑰，带她吃精致的西餐，送她很漂亮的项链，这一切都是她从来没有得到过却一直梦寐以求的。她迷恋他的成熟稳重，佩服他的精明干练，也喜欢他带给她的那种富足踏实的生活状态。

不久后，金子披上婚纱，还没来得及经历过多的职场历练，就直接升级做了全职妈妈。

很长的一段时间里，她都背负着许多的风言风语，毕竟嫁给一个比自己大十几岁的男人，何况他还是个有钱人，这样的经历，好说不好听。连她的父母都觉得脸上没面子，她结婚的前两年，父母一次都没有来过。

不过，金子对别人的评价却并不在意，我们偶尔开玩笑说好羡慕她嫁了个钻石王老五，可以不食人间烟火，她也只是苦笑着说："你们就别打趣我了，这两年生意不好做，我老公太辛苦，要不是孩子太小需要照顾，我也想跟你们一样出去赚钱呢！"

如今，他们早已度过了七年之痒，他拼搏事业，奔波在外，她操持家事，相夫教子，生活无波无澜，却依然甜蜜幸福。

2

面包与爱情之间的纠葛，就像电视上反复播出的婆媳剧，虽然狗血，但总能赚足收视率。可见金钱与爱情之间的矛盾就跟婆媳矛盾一样，是凡俗中人经常遇到又无法可解的一大难题。

每个女人在少女时代，都曾无数次幻想过自己真命天子的样子，幻想着他有一天骑着白马戎装而来，为自己穿上一双水晶鞋，从此过上幸福的生活。

这个幻想里有两个必备的要素，第一，要有轰轰烈烈的爱情。

我们都是看着琼瑶和三毛的作品长大的一代，把山无棱天地合当成爱情最经典的范本，所以如果没有一见钟情的浪漫，没有二见倾心的心跳，再合适的人选也只能勉强称为将就。

换句话说，如果来的人不对，就算他捧着金山银山，你心里也总会觉得亏待了自己。

　　这时，心志坚定的，扭过头看都不看一眼，直接说一句"对不起，你不是我要等的人"，而那些看在金山银山的份上勉强接受的，过后也难免在渐逝的年华里觉得心有不甘。

　　但是，如果你因此认为为了爱情可以完全放弃面包，那也大错特错了。

　　不信你看，白马王子为什么是骑着白马来的呢？他要是骑着毛驴或者拄着拐杖来的呢？王子和灰姑娘的结局为什么是在城堡里幸福地生活下去，而不是两人一起回了灰姑娘那个破砖烂瓦的家呢？

　　王子之所以是王子，不仅因为长得帅，还得有城堡，有白马。

　　所以你说面包不重要吗？当然重要，只是没有重要到需要我们放弃爱情，出卖肉身。

　　这世上最幸运的事，是你爱上的那个人，他不仅可以给你爱情，同时也能给你面包。

　　金子就是这样一个幸运的女人，她倾心的那个男人，不但爱她，还能给她物质的富足，所以她的幸福看起来似乎比别人来得容易。

　　可是并不是谁都有这样的好运气，毕竟男人好找，但有城堡有白马，又对你一见钟情、忠心不二的王子却是人人渴求的稀有品种。大多数时候我们遇见的，都是某一方面不够完美的普通人，所以爱情与面包的抉择，才成为一个难题。

　　但是，聪明的女人，总有办法迎难而上，就像自古以来被誉为家庭第一大矛盾的婆媳问题，一些聪明的女人，却能轻易化干戈为玉帛。

其实，金子就是一个聪明的女人。在我们身边，也不乏一些崇尚物质的拜金女，为了嫁入豪门用尽手段，其结果往往是悲剧多于喜剧，但我没有把她们的故事拿出来以作警醒，反而把如特例一般并不典型的金子的经历分享出来，是想告诉读者一个道理：

爱情与面包并不是相互矛盾的，并非鱼与熊掌不可兼得，只要有爱情作为基础，追求物质并不是庸俗，反而是日后幸福生活的一种保障。

对于很多清高自持的女生来说，在爱情面前谈金钱似乎是一件极其庸俗不堪的事情，她们认为真正的爱情是纯粹的，崇高的，是不掺杂任何其他贪念的，所以只要涉及一点点物质的渴求，就被认为是一种亵渎。

但不得不承认，这种观念太过钻牛角尖了，谁说一定要"有情饮水饱"才能彰显这份感情的伟大？既然上天在赐予你爱情的同时，也让你有足够的面包填饱肚子，那又何乐而不为呢？

3

闻闻是我见过的另外一个聪明的女人。

她的感情经历，说起来其实平淡无奇。她与男友是大学校友，

姑娘
你的光芒无可抵挡

两个人都是小城市里普通家庭出生的独生子女，无论出身、学历、样貌，都是在大城市里打拼的人群中那种并不出奇的大多数，不张扬不显眼，却最能代表普罗大众。

人们都说，毕业季是分手季，这话没错，因为当年我熟识的那些在象牙塔里牵手成功的情侣们，如今算下来，闻闻和男友应该是硕果仅存的一对了。

当年，两个人在社团的一次下乡支教活动中日久生情，然后一起复习考研，男友考上了一所不错的学校的计算机专业，闻闻却以几分之差落榜了。

为了在北京这座大城市中站稳脚跟，闻闻无奈之下决定出国镀金，家里东拼西凑凑足了她留学的费用，就这样，他留在国内读研，她去了英国利物浦留学。

整整一年，天海相隔，两人忙起来的时候，没时间上网，为了省下生活费给父母减轻一些负担，他们连一个越洋电话都舍不得打，最后约定每个月打一次电话，一次半个小时。

一年过后，闻闻回国，在保险公司找到了一份公关兼翻译的工作，生活的压力瞬间袭来，但男友还有两年才毕业。

彼时，身边的朋友、同学，只要感情稳定的，都开始组建自己的小家庭，她每个月的工资有半数都花在了份子钱上。

她的父母当然也着急，女儿二十五岁的年纪了，在老家早就该成家了，可竟然还要再等上学的男友两年，大好的青春岂不是就这样浪费了？何况男友家里条件一般，根本不可能在物质上对他们有什么帮助，她父母之前攒的钱也都给她留学花掉了，两家连买房的首付都凑不齐，以后日子可怎么过！

于是，每次跟父母通电话，对闻闻来说都是一场煎熬，有时实在委屈，也会在电话里跟父母大吵。

那段时间，来自各方面的压力几乎要把她压垮了，可是她在男友面前一个字都没有提过。

有一天晚上，从来滴酒不沾的她提着一兜子啤酒敲开我家的门，坐在我家客厅的地毯上喝得烂醉如泥，一边喝一边哭着，嘴里含混不清地说："没钱怎么了？他现在还没毕业上哪儿挣钱啊，不就两年吗？我就是喜欢他，我就是愿意等他怎么了！"

那是我唯一一次见到崩溃的闻闻，因为她一直是一个个性温柔，不温不火的人。

哭过之后，她继续一个人上班、下班，在巨大的压力之中默默地等了他两年。

男友很争气，研究生毕业后进入某银行北京总部的信息技术中心，月薪过万，还顺利解决了北京户口。

转正的那天，他请来他和她的所有好朋友，当着大家的面单膝卜跪，把工资卡郑重地交到了她的手中。

那场求婚，是我见过最简陋的求婚，没有华丽的装饰，没有闪亮的钻戒，有的只是一捧玫瑰，一张工资卡，和一个眼神真诚单膝

下跪的青年。

他说："现在的我没有房没有车，但是我愿意把我以后有的一切都给你，我会让所有人都看见，你用两年换来的是一辈子的幸福。"

如果你也曾见过这样的场景，或许就会明白，其实在爱情面前，有钱没钱真的没有那么重要，重要的是彼此相爱的两个人，约定一起携手，为了同一个美好的未来而拼搏，从此风雨同行，有你有我。

所以我一直认为闻闻是聪明的。

她虽然没有金子幸运，能够从一开始就将爱情跟面包双双收入囊中，但是在其中一方有所欠缺的情况下，她坚定地选择了一份不可复制的爱情，所以让日后的幸福成了一种期待和可能。

钱没有可以再赚，可是错过了那个独一无二的人，就真的将是一生错过。

4

没有人敢否认金钱对于女人的诱惑力。

如果可能，没有一个女人不想住在豪华的别墅里，享受着在家十指不沾阳春水，在外购物不用看价签的奢侈生活。

但是，最终选择坐在宝马车上哭的毕竟还是少数，大多数的女孩，都宁愿在大排档里跟那个贴心的人分享一碗热气腾腾的麻辣烫，然后坐在单车后座上笑着期待明天的小日子。

我们生活在一个幸福的时代里，这让爱情与面包的兼得成为一种可能。

我们在爱情中拥有足够的自由，可以追随本心，可以放逐天性；我们听取意见，却不必依从他人，主动权永远掌握在自己手中；我们渴望恋爱，却不必惧怕单身，所以有足够的时间去等待那个真命天子。

社会赋予女性的平等与自由，让我们可以在爱情面前昂首挺胸，我们跟男人一样拥有在职场上叱咤风云的能力，所以对于面包的渴望，再也不用寄托在男人身上。

是这个自由的时代，让女人可以经济独立，而经济的独立，无疑是让爱情变得纯粹的基础。

所以你会发现，其实那些在事业上拥有自信的女性，从来都不会纠结选面包还是选爱情的问题，因为她们知道，面包可以自己挣，爱情却只有那个"对的人"才能给。

换句话说，那些情愿把婚姻变成一场交易，也要飞上枝头做凤凰的女人，无非是因为对自己的未来没有自信，或者不满足于一分耕耘一分收获的辛苦劳作，所以渴望一劳永逸。

这是个人的选择，本身无可厚非，但是，我们都要明白一个最简单不过的道理：知足常乐。

如果你在当下渴求爱情，却在漫长的贫瘠生活里怨恨贫穷，如

果你在当下选择金钱，却在独守空闺的寂寞里苛求爱情与关怀，那你的一生将注定不幸。

反之，选择了爱情的你，如果愿意与你爱的人相濡以沫，同担风雨，一起为了物质的富足而努力，选择了金钱的你，如果愿意给那个带给你富足安稳的人多一些情感的关怀，精心培育一颗爱情的种子，那么所有的幸福，或许都将指日可待。

爱情产生的瞬间，也许只是体内激素与荷尔蒙的迸发，但是长久的相守，需要的却是用心经营。

再坚贞的爱情也抵挡不住反复的背叛，再亲密的关系也抵挡不住无休止的争吵，这世上从没有一种幸福是唾手可得并能够肆意挥霍的，爱情里又何尝不是一分耕耘一分收获？

爱情不拒绝面包，但当两者不可兼得，聪明的女人，应该知道如何取舍。

遵从本心，慎重抉择，用心经营，平淡相守，最好的幸福，莫过于此。

第 3 章 疼爱自己

愿你被这世界温柔对待

从此，我不再希求谁赐予我幸福，因为，我自己便是我的幸福。

——沃尔特·惠特曼

1

我们很多人就像路牌，站在那里给迷茫的人指路，自己却去不了想去的地方。

生活是什么？

是早晚高峰期拥挤喧闹的地铁？是办公室里忙不完的文案业绩？是面对严厉领导与难缠客户时的卑躬屈膝？还是清冷夜晚归家途中路灯的影影绰绰？

繁华的都市，冰冷而复杂，深陷其中的我们，光鲜亮丽的外表之下，藏着的往往是疲惫而孤独的心。

手机通讯录里的号码很多，但打个电话就随叫随到的人却很少；一起逛街聚会吃饭的人很多，能互诉衷肠的人却很少；关心你成不成功的人很多，但在乎你累不累、苦不苦的人却很少。

而我们似乎已经习惯了，为了生活的种种压力而委屈自己，拖着疲惫的身子，爱并不爱我们的人，说言不由衷的话，做违背心意的事。

我们尽力讨好所有人，却唯独忽略了自己，对得起全世界，却唯独对不起自己。

工作与家庭的双重忙碌，让青春靓丽的美少女渐渐熬成皱纹丛生的黄脸婆，在大街上跟卖菜的小贩因为几毛钱斤斤计较。但更年轻漂亮的女孩却正一波一波地长大，把你从"怜香惜玉"的"香"与"玉"的行列中挤出去，于是更没有人再关心你是谁，邻居家的孩子们也开始叫你阿姨。

你理直气壮地说，我做的一切都是为了这个家，但似乎没有谁因此而对你感恩戴德。

有人说，这就是女人的命，生下来就是为了灶台厨房，柴米油盐，但我想说，没有谁是生下来就被预定好生命轨迹的，你生命中所有的一切，都是出于你自己的选择。

2

年年打电话约我出去的时候，已经是半夜 11 点多了。她在电话里言简意赅地对我说："心烦，出来坐坐。"

我趿拉着拖鞋走进街角的那家烧烤店的时候，她面前的小龙虾壳已经堆成了一座小山。

见我来了，她挥手招呼服务员："帅哥，再来两瓶啤酒。"

"大半夜不回家陪老公孩子，怎么跑这儿喝闷酒来了？"我在她对面坐下，打着哈欠问。

"离家出走。"她仰头灌下半杯啤酒，把玻璃杯重重放在桌子上。

"怎么？吵架了？"我试探着问。

"老娘当初怀孕辞职，这几年当牛做马，把儿子养到这么大，他除了赚点钱还为家里做过啥？现在竟然嫌弃我！"她愤愤不平地说。

看来确实是吵架了，我拿过啤酒倒了一杯，一边听着她痛骂她老公，一边陪着她喝酒。

"老娘好歹也是正经大学毕业的本科生，当年在职场也是前途无量的，今天我就关心关心他工作上的事，他竟然很不耐烦，说跟我说了也白说，还说我是头发长见识短！"

"所以你就离家出走了？"

"母老虎不发威，还真当我是"Hello Kitty"了！这次他不跪在老娘面前磕头请罪，老娘死也不回去！"

"对，不回去，今晚就睡我家！"我也替她觉得委屈，于是给她撑腰。

她絮絮叨叨地说了一大堆家里的糟心事，先是不顾形象地大骂，然后又失声痛哭，一直到烧烤店里人影寥寥，才终于用光了力气。

我结了账，把她拖回家，刚倒在床上，她就像死猪一样睡过去了。

第二天天还没亮，她突然惊醒坐起，吓了我一大跳，她跳下床从外衣口袋里翻出手机，看到几十个未接电话，终于喜笑颜开，转过头晃着手机对我说："还算他有良心。"

这时，手机响起"叮"的一声，是一条微信，她点开去看，是她老公发来的一段视频，视频里是她三岁半的儿子，嗲声嗲气地说："妈妈，你快回来吧，我想你。"

年年洗漱完跟我告别，心满意足地回了家，没有千里相迎，也没有负荆请罪。

3

其实，年年的老公对她还不错，家庭也算幸福美满，只是她这几年做了全职妈妈，在家憋闷得久了，难免敏感而憔悴。

女人就是这样，随着年龄的增长，如果没有抓住些其他可以让你昂首挺胸的东西，就会变得越来越没有自信，像抓救命稻草一样抓着身边的人，自己痛苦，别人也难受。

换句话说，就是把一生的幸福交在别人的手里，好与不好，全看运气。如果碰上的是个有责任心的好男人，尚能一生平淡安逸，但若遇人不淑，就只能眼睁睁看着自己的未来成为一场悲剧。

可与其花心思去套牢一个有责任心的五好男人，倒不如好好疼爱自己，让自己掌握生活的主动权。

在我的闺密圈里，一人吃饱全家不饿的大龄单身女青年不在少数，但塔塔是唯一一个年近三十，单身很久，却依然淡定从容的人。

她是个外企白领，常用名 Rita，所以我们叫她塔塔。

前段时间，她突然把大家召集在一起，宣布了一条振奋人心的消息——她终于在即将迈入三十岁大关之时春心萌动，准备对一位优质男青年发起攻击。

我们听得欢欣雀跃，七嘴八舌地八卦那位男青年姓谁名谁、条件相貌、生辰八字、电话号码。她却神神秘秘地摇头，说了句："闺密之间，唯有丑照与男人不可分享。"

她只告诉我们，他是她公司在广州分部的一位主管，前段时间她们华东区与广东那边的分公司接洽工作，两人在工作场合初次见面。

于是，我们转战下一话题，你一言我一语地追问她的表白计划，俗话说，女追男隔层纱，何况塔塔家境良好，工作稳定，长相也算得上是微胖界的美女，只要花些心思，脱单不是难事。

"早想好了。"她一副胸有成竹的样子，把一沓会员卡扔在我们面前。

一张高级美容卡，一张健身卡，一张游泳卡，还有一张法语私教的名片。

见我们个个一头雾水，她补充道："我要用三个月时间，让自己美颜如花，气质脱俗，等他主动来追我。"

女追男的我见过不少，有大胆出击的，有含蓄示好的，有美色诱惑的，总之都是想尽办法化被动为主动，可塔塔竟然反其道而行，不把心思花在对方身上，而是投资自己，等对方来表白，化主动为被动。

美容卡、健身卡、游泳卡都可以理解，可是，我拿起那张法语私教的名片，"学法语跟追男神有什么关系？"

"哦，他是法国留学回来的，我会法语的话，不就有了共同语言了么！"

媛媛在一旁撇嘴摇头地说："你喜欢他就直接追不就好了，这弯弯绕绕的，万一被别人捷足先登怎么办？现在单身的好男人可是越来越少，不知道有多少双眼睛如狼似虎地盯着呢！"

"谁说年纪大了就一定要愁嫁？你把自己当快过期的大白菜，那当然只能是低价甩卖人家还不一定看得上，任由人家挑三拣四，你还要赔着笑脸，担心哪天被人弃如敝屣，我可不要低三下四地求着别人别离开我。我要保持自己最好的状态，永远做同龄人中那棵被精心包装的精品白菜！"

她的一番话，逗得我们哈哈大笑，我们个个捂着肚子，对她竖起了大拇指。

塔塔意志力很坚定，接下来的几个月，她真的把所有的美容健身、法语课程都坚持上完了，听说他擅长交谊舞，她还特意去学了一段时间拉丁舞。

半年后，公司的年会上，瘦了十几斤的她穿着凸凹有致的长裙惊艳亮相，他主动邀请她跳舞，她终于得到机会在他面前展示这半年来的成果，用一曲拉丁舞和一口流利的法语俘虏了他的心。

4

芸芸众生中，我们都是很微不足道的一个，世界并不关心我们苦不苦，累不累，难过不难过。

我们要在一次次跌倒后挣扎着爬起来，要在受伤时独自忍着泪水将伤口包扎，或许有那么一些人可以陪我们走一段路，但能真正给我们关怀，对我们悉心照料的人却少之又少，所以，每个女人都应该学会疼爱自己。

生命虽然漫长，但美丽的时光只有短短的十几年，青春靓丽是上天赋予每个女人的短暂资本，拥有时，如果你不珍惜，等大好年华已逝，剩下的，就只有无尽的苍老与悲哀。

那些海阔天空的梦想，那些年少无知的爱情，那些任性妄为的执念，那些敢为天下先的勇气，就应该发生在肆意快活的青春时光里，即便会走弯路，即便会受伤跌倒，但是，当青春逝去，它们都将成为你人生中最宝贵的经历，足够你用一生去铭记与怀念。

但是，如果你在该任性该放肆的年纪里过早地懂事，过早地追求安稳平淡，你很听话地按照生活的轨迹平稳前行，从没有踏错过一步，从没有停下脚步张望远方，那么，你的人生就少了一抹青春应有的火红色泽。

所以，每一个年华正好的女人，都应该好好珍惜自己的青春，享受它带给你的那段一去不复返的美好时刻，用丰富的经历和美好的曾经书写属于你的时代故事，别让遗憾成为永恒。

我们爱这个世界，也爱身边的每一个人，但是别忘了在奉献出自己全部的同时，留一些爱给自己。

谁说女人就一定要上得厅堂下得厨房，在外是女强人，回家做免费保姆，再苦再累还要任劳任怨地绝无怨言？

谁说有了家庭和孩子，女人就应该做出牺牲，必须放弃自己所有的理想与坚持，来成全整个家庭的幸福？

爱自己的家人，愿意为了他们付出一切，但这并不代表不能在生气时发发脾气，不能在疲惫时有个假期。

为人妻为人母要担许多的责任，但这并不代表只能蓬头垢面毫不修饰自己的仪表，只能任由皱纹爬上脸颊，任身材变形走样。

忙碌不是借口，有很多比你还忙的人，她们依然把生活装点得有模有样；年龄也不是借口，在国外，有许多 80 岁高龄的老人，依然精致优雅，体面有度。

我国的很多女人，缺少的不是时间，不是精力，而是一份疼爱自己的意识。

如果一件事情违背了你的意愿，为了别人的期待，你是否还会去做？

如果你坚持了多年的梦想，与家庭的身份有所冲突，你是否还会去坚持？

每个人的选择不同，结局也会不同，但是在考虑了所有利弊因素之后，别忘了静下心来，好好问问自己的内心。很多时候，如果你对自己的意愿多一些坚持，或许能够找到一个折中的解决办法，而不必一味地隐忍退让，到最后将自己的生活全部拱手让出。

5

健康是所有的前提和资本，所以，为事业和家庭奔波操劳的女人，千万不要忽视了对自己身体的爱护。

职场女性似乎已经习惯了无止境的加班，喝酒熬夜，三餐不定时，也习惯了每天承受巨大的压力，紧绷着一根弦，片刻不敢放松。

但身体是革命的本钱，如果身体垮了，所有的一切都只能是空谈，与其到时悔之晚矣，不如趁现在就好好经营，放松心态，规律生活，保持健康的体魄和积极的生活状态，用最好的面貌去迎接工作和生活。

精致的女人，总是无时无刻不给人一种容光焕发的感觉，她们从头到脚都带着一种脱俗的气质，让人感觉心情舒畅。

但生活中，能够做到精致优雅的女人却很少。大多数的人，都有一种先入为主的观念，认为高贵优雅是有钱的贵妇人才能追求的绝高境界，与我们的生活相隔甚远。

毕竟，作为为了工作和生活而奔波忙碌的普通人，我们能够把每天那一大堆的琐事应付好就已经疲惫不堪了，谁还有工夫追求什么外在气质呢！

但事实上，一个女人的气质与状态，无关贫穷富有，无关出身地位，只要你愿意经营自己，就能够拥有这份美丽。

不妨从一些细节开始改变。

早起时记得喝一杯温开水，洗手后记得涂一些护手霜，洗澡后记得做一个全身保养，与人说话时记得微笑，站立时记得挺胸抬头……这一切细小的细节，看似不起眼，但如果你真的花心思去关注，你的人生必将大有改变。

不要为了省钱就买那些廉价的衣服和鞋包，因为你贪图一时便宜的结果，往往是满衣柜的衣服，但到了需要的时候，却没有一件可以穿得出去，每天对着一堆衣服发愁该如何穿着。

倒不如攒下钱来，为自己买一两件适合自己的好衣服，穿出去体面，自己也会越来越有自信，而自信是女人拥有优雅气质的前提条件。

把随身的包包，家里的东西都收拾整齐，让生活变得井然有序，

　　然后，选出适合种花的角落，种上一两盆自己喜欢的花，或者买些鲜花插在花瓶里，这些绝不是浪费时间的无用功，因为当你看着整洁的房间，闻着夹杂着花香的气息，你的生活也会随之变得美好起来。

　　当环境美丽了，人的心情也会随之舒畅，心情好了，整个世界也会变得开阔起来。

　　疼爱自己，经营自己，这绝不是自私的行为，因为一个人只有学会爱自己，才能更好地爱别人。

　　让自己保持优雅美丽，不是为了取悦别人，但无形之中，会让你拥有更好的人缘，得到更多的爱。

　　当你以最美好的模样，以最优雅的姿态活在这个世界上的时候，你会发现，你的眼界也会变得开阔，人生也会变得更加丰富精彩。

　　女人最好的状态，不是自己不修边幅却要求别人忠贞不贰，而是自己美丽精致，让别人不由自主地喜爱，不是一边拼命干活累到吐血一边抱怨别人不贴心，而是懂得照顾好自己，也善待他人。

　　你温柔地对待自己，这个世界才会对你温柔以待。

第4章 活出真我

你的善良，必须带点锋芒

对这世界我并不鄙薄，但却也不在意世人对我的谴责。

——乔治·拜伦

1

做事情就要全力以赴，但，献血除外。

从小到大，读到的所有书都在教导我们要善良，宽以待人、助人为乐、先人后己，正所谓自私有罪，吃亏是福。

帮助他人是好事，这就像献血，成就他人的同时也升华了自己。然而，没有一个正常人会为了救助他人不顾自己生命地献血。那么，女人们，为什么到了别的事上，这个道理就看不懂了呢？

凡事有度，你可以善良，但必须有原则，可以宽容，却不能软弱。你要有一点脾气，留一点自私，不要为了一个"好人"的头衔，就任人把你的血抽干。

我们总是说好人难做，因为吃亏的总是好人，坏一点的人却能轻易得到许多的好处和机会。

你彻夜加班做好了所有的工作，却被别人三言两语在领导面前邀了功；你辛辛苦苦努力了几年，好不容易升职加薪就在眼前，却被送礼走后门的人硬生生挤了下去；你对一个渣男一忍再忍，总以为他有一天会浪子回头，最后却落得人老珠黄，人财两空……

这个社会就是这样现实和功利，只有很少一部分人会对你的付出心存感激，大多数时候，你的退让隐忍只会助长对方的气焰，让他肆无忌惮，得寸进尺。

而你顶着一个好人的头衔，一边被别人的谎言麻痹，一边被自己的善念说服，一次次被迫妥协，一次次无奈原谅，一次次在受伤过后继续选择相信。到最后哭着感慨，为什么做好人这么难！

其实，不是做好人难，而是你的好人做得太没有原则和底线。

宽容过了头，就变成了纵容，帮助过了头，就变成了义务，软弱过了头，就变成了懦弱，我们可以善良，但这善良之中必须带点锋芒。

余乔是两年前我在一次聚会中认识的好友，那时我二十四岁，刚进入时尚圈，她二十三岁，刚从某知名大学的建筑系毕业，准备赴日本留学。

半年后，她去了日本东京的一所大学读书，从那以后，我们只在每年的春节前后可以见上一面。

去年春节前几天，我突然接到她的电话，她在电话里吞吞吐吐地说她刚下飞机，行李太多一个人提不动，认识的人基本都赶回外地老家过年了，在北京的就剩我一个，问我能不能去机场接她。

四十分钟后，我赶到首都机场，她正坐在大厅，身边放着四五个大行李箱。她见了我，脸上有一些歉疚之意，我惊讶地问她："怎么这么多行李，你不打算回日本了？"

她不好意思地笑笑："不是，这些都是帮别人带的。"

她老家在河南，第二天要坐火车回去，她坚持要去酒店，我没有同意，我把她带回我家，让她在我家落脚休息。

晚上吃饭的时候她才告诉我，原来她一个朋友本来说好要接她的，结果临时有事先回老家了，在她上飞机前才告诉她，以至于她没来得及做任何安排。

她指着墙角那三个大箱子说，这些都是那个说好接她的朋友让她帮忙代购的化妆品。

"这么多，能在过期前用完吗？"我问。

"不光是她的，还有她的亲戚朋友让帮忙带的。"

余乔告诉我，以前曾经帮这位朋友带过一两次，一开始是一两盒面膜口红什么的，没想到后来清单越列越长，她不得不每次帮她专门腾出一个箱子，这一次更是连亲戚朋友都让她帮忙带，装了足足三个行李箱。

结果她东西买完了，跟那位朋友汇报价格，没想到那位朋友不但不领情，反而抱怨说她买贵了，加上税费比国内新兴起的那几个大型海外淘平台的价钱要高，最后那位朋友只给了她买东西的钱，关税和托运的费用一分没出。余乔不但为了买这些东西跑断腿，还自己付了关税和托运超重的费用。

当天晚上，我们刚吃完饭回到家，她那位朋友就打电话来，说是人已经到老家了，让余乔帮忙把代购的那些东西都寄回老家去。

我帮着她把那三个行李箱拖下楼，交给快递打好包裹寄了回去，寄件时，我建议余乔到付，可她考虑了一下，还是直接付了几百块的快递费。

回来的路上，我忍不住问她："你跟那位朋友关系一定很好吧，这么为她着想。"

结果她有些不好意思地摇了摇头："也不算很好，就是大学时的同班同学，我去日本之前，我们也没说过几句话。"

2

每个女人都应该成为一个善良的人，不复杂，不计较，真诚热情，简单洒脱。但是，任何事情都要有原则，千万不要过分善良，让它成为伤害自己的一把利剑。

我们帮助别人，是出于好心，但是对于那些不领情的人，宁可说不，也不要做烂好人。

如果你浪费了好几天的时间，跑遍日本大小店铺买齐了清单上的东西，在对方的眼中却不过是"反正你在日本，买点东西又不是麻烦事"；如果你为了完成同事的嘱托加班帮忙做他分内的工作，在对方的眼中却不过是"同事一场，帮点忙是应该的"；如果你托关系欠人情帮忙从中牵线搭桥，在对方的眼中却不过是"反正你跟

那人关系好，说句话又不费事"……

这样的忙，我们宁可不帮也罢。

因为你为了帮他付出了你的人情、精力、时间和心思，在他的眼里却统统不值一提，你的尽心尽力，都是不值得被感谢的理所当然。

既然如此，与其被善良牵绊，让自己费力不讨好，不如直接站在他面前，大声说不，然后丢给他一句：我又不欠你的，我凭什么？

我在日本，就该帮你跑腿买东西，出了力还要搭钱吗？

我和你是同事，我就该做你的免费劳动力帮你分担你的分内工作吗？那你怎么一次也没帮过我，你的工资怎么一分也没给过我？

我跟那人关系熟，就应该帮你从中说情吗？虽然是一句话的事，但我就不帮你说，你拿我有办法吗？

我愿意帮你，是我的善意，你就算不感恩戴德，也要重视我为你付出的时间精力和一番好心，不要让我费心费力地帮忙之后，反而寒了心。

我知道这世界上忠厚实在的人很多，但也不得不承认，在我们身边总有一些贪婪自私的小人。

有些人，你帮过他一次、两次，他就会把你的帮助当成一种义务，如果哪一次你没有帮他，他就会心怀不满，甚至对你恶语相向，好像全世界的人帮他都是天经地义的。

还有一些人，他们的心中根本没有情义可言，所有的人际关系对他们来说都是利益关系，用不着你的时候话都懒得跟你说，用得着你的时候就装成熟人，对你百倍热情，每天算计着怎样利用你实现他的利益最大化，然后在压榨完你的剩余价值后将你弃如敝屣。

姑娘，对于这样的人，千万不要傻傻地滥发善心。尊重是相互的，人与人之间的相处也不是为了相互利用。我真心待你，换来的却是虚情假意，那我凭什么甘心做被你利用的工具？

这世上，谁帮助谁都不是天经地义的，毫无原则与底线地依从别人的要求，到最后换来的只能是自己一步步的退让妥协，对方却不一定把你的付出往心里去。

千万不要成为受尽委屈却不受待见的烂好人。

3

这是我在朋友口中听到的一个悲惨故事。

女孩的名字我记不太清了，似乎是姓杨，她与男友相恋时刚满十八岁，他大她两岁，彼时正在跟一帮哥们玩乐队。他用各种花式浪漫将她追到了手，但在那之后，两个人的地位就彻底翻了个个。

随着感情的加深，她对他一天比一天依赖，他却因为新鲜劲过了，一天比一天不把她当回事。

他没有正式工作，每天沉浸在所谓的音乐梦里，白天窝在出租屋里睡懒觉，晚上跟哥们儿聚在一起喝酒唱歌，生活来源只有偶尔

接到的商演，赚来的钱根本不够他胡吃海喝的花销，每个月她辛辛苦苦地工作，赚来的钱负担着两个人的生活费用。

心情好时，他总是哄着她说，他要好好做音乐，等有一天做了大歌星，给她买豪车买别墅，让她做吃穿不愁的阔太太。她就真的信以为真，每天努力工作，赚来的钱用来养家，给他买音响乐器，用来支持他那个遥不可及的梦想。

他喝酒闹事，她大半夜去派出所交钱赎人，他为了买辆新摩托四处欠债，她跟父母要了钱帮他还了。姐妹们都劝她尽快跟这种人渣分手，她却说："他平时对我很好，谁都不是完人，都会有缺点，只要他一心一意对我好，我就愿意跟他在一起。"

后来，他的一心一意也没有了。

他的乐队里新来了一个漂亮的女孩子，打扮妖艳，热情如火，他开始越来越不把小杨当回事。一天晚上九点多，她下了班心血来潮去给他送饭，结果看到排练室里他和那个漂亮女孩很亲密地抱在一起。

小杨闹着分手，把他的东西从家里扔了出去，发誓再也不会原谅他。可是半个月之后，他又捧着一束鲜花回来跪在门前祈求她原谅。一开始她很坚决地置之不理，但是第二天一早，看到他还等在门口的时候，心就软了下来。

他说他只是一时糊涂，以后再也不会做对不起她的事情，为了表示诚意，他单膝下跪跟她求婚，承诺婚后两个人要好好过日子。

于是，她很感动地原谅了他，第二天两个人就去领了结婚证。

婚后的一段时间，他们的小日子还算过得甜蜜幸福，但是半年之后，矛盾再次出现。

起初为了担起家庭责任，小杨家的亲戚帮他介绍了一份超市理货员的工作，但是因为做事拖沓被领导责骂了几次之后，他就忍受不了，最后与领导大吵一架当场辞了职。

这件事情，他怪到了小杨头上，嫌她家帮找的工作太辛苦，赚的钱少又不体面，两个人大吵了一架，不但把家里的东西都砸了，还对小杨一顿拳打脚踢。

在那之后，小杨住了院，他却音信全无。

姐妹们去看望小杨，见她身上被打得青一块紫一块，都很生气，劝她离婚。她也打定主意等他回来就跟他离婚。

可是几天之后，小杨刚出院，他就回了家，给她买了她最爱吃的烤肉饭和鲜肉月饼，又是下跪请罪又是温言软语，结果小杨又一次心软了。

他发誓要痛改前非，担起家庭的责任，还说要为了她放弃音乐梦想，开一家音像店，踏踏实实地赚钱养家。

为了帮助他开起一家音像店，小杨张口跟父母要来了十万元钱。

亲戚朋友都劝她要谨慎，不要把钱交到他手中，她却说："浪子回头金不换，我相信他这次是真心要好好过日子的，我们这么多年的感情了，我相信他。"

然而，就在小杨欢欢喜喜地等着他浪子回头痛改前非的时候，他却拿着这十万元钱跟着一帮狐朋狗友大肆挥霍，然后用剩下的两万多块钱，给小杨买了一枚钻石戒指。

小杨知道后别提多难过了，她父母都是普通的工薪阶层，一辈子攒出来的养老钱就这样被他挥霍一空。

她抱怨他，他却说："你不是总羡慕别人有钻戒吗，我给你买了一颗这么大的，够面子吧！"

"那你也不能用我父母的养老钱买钻戒啊，那笔钱是留着给你开店的，现在钱没了，你拿什么挣钱养家？"

"钱给咱们了，那就是咱们的，我给我老婆买个钻戒怎么了？钱没了以后我想办法赚呗！"

……

故事讲到这里，朋友问我："你怎么不好奇接下来发生了什么？"

我说："不用问，她肯定又原谅他了。"

她一拍大腿："你咋知道？"

"我还知道，小杨最后的结局多半很悲惨。"

4

我没有一点诅咒小杨的意思，我也知道我的想法纯属猜测，但是，当一个人原谅过另一个人无数次的时候，就一定还会原谅他再多一次。

很多时候，原谅与妥协也会成为一种习惯。一个人在另一个人面前低声下气久了，你也很难指望他再硬气起来。

但问题是，有些事不能妥协，有些人不值得原谅。

如果我爱你这件事让你有了随意欺辱我、利用我的底线，那么我宁可不爱你。

如果我的包容和退让不但没有让你心疼，反而成为你变本加厉的砝码，那我凭什么要一次又一次地宽容你？

如果我这一次的原谅，换来的只是下一次的受伤，那你有什么好，值得我伤痕累累之后依然对你敞开胸怀？

爱情就像炒股，如果不小心选到一支烂股，一定要及早抽身，不要让一时的霉运变成一辈子的悲剧，让自己倾家荡产，血本无归。

女人，没有一个人值得你不停受伤，不停哭泣，我们可以犯傻，但不能犯贱。

爱默生曾说："你的善良，必须有点锋芒，否则等于零。"

有锋芒的善良，是外表柔润，内心刚强。以柔润的外表去善待他人，给予别人和风细雨，关怀和温暖，然后用坚硬刚强的内心来保护自己，一旦有人触及要害，就要竖起壁垒，适时反击。

如果你只管善良真诚待人，不回头顾一顾自己，就等于把自己的性命交托在对方的手上，以后的好坏，全凭运气。可是，谁又能

保证自己一辈子走好运，不遇到坏人，不倒霉呢？

　　善心本身是柔软的，但每一个善良的姑娘都应该带有这样的锋芒，不为伤害他人，只为守护自己。

第 5 章 去独立

喜欢上一个人的感觉

奈何一个人随着年龄增长，梦想便不复轻盈，他开始用双手掂量生活，更看重果实而非花朵。

——威廉·叶芝

1

单身中的你，是否一个人吃火锅依然热火朝天？是否习惯了独处的夜晚和自己碰杯？

恋爱中的你，是否有属于自己和闺密的时光，可以偶尔摆脱爱情的束缚，约上好友逛街聊天、旅行看海？是否从不会因为钱包而斤斤计较，看中喜欢的东西，能够自己掏钱去买？

那些注定需要一个人去走的路，你是一边走一边因为胆怯而哭泣，还是能一路欣赏一路欢快地走完？

那些注定需要一个人去承担的苦难，你是一边怨天尤人一边畏缩不前，还是能勇敢地去承担，用心底的阳光为自己取暖？

不需依靠，不需关照，却依然可以活出优雅气场、女王模样，这才是一个女人最好的姿态。

身为女子，你所有美好的气质，其实都来自于你自身，一个完全独立的女性。

因为独立，你从不指望依靠别人，所以能够用心经营自己的生活和事业，能够不断地充实自己，让自己变得更加优秀。

因为独立，你习惯跌倒了自己爬起来，就算摔疼了哭泣，但也从不会因为害怕受伤而一蹶不振，哭过之后，擦干眼泪继续前行，所以别人看到的都是你的坚强。

因为独立，你学会在任何艰难的困境中开导自己，在泥泞中期待坦途，在暴雨中笑望未来，所以别人看到你的乐观。

因为独立，你明白社会地位和财富对一个女人的意义，所以努力工作，用自己赚来的钱去想去的地方，买想买的东西，不会因为物质欲望而委身于谁，也不会因为生活拮据而斤斤计较，永远腰杆笔直，让所有人看到你的高贵优雅。

因为独立，你不需要依赖谁，也没必要讨好谁，你可以爱得山盟海誓轰轰烈烈，也可以在不爱的时候理直气壮地拒绝。

你有能力，可以独自承担生活的重负，爱情对你来说，是幸福的滋养，是相知相恋的甜蜜，但永远不会成为一种妥协。你可以从心所愿，选择最适合自己的那个人，而不是任由别人来挑选你。

有人说，独立是被逼出来的，家里条件不好，不独立靠什么生活呢？老公不上进，不独立谁养家呢？要是自己是富二代，或者老公有本事能赚钱，谁愿意每天风里来雨里去地讨生活？在家穿金戴银，养尊处优多幸福！

可我偏偏见过一个不愿意在家享清福的。

2

Amy 是我的闺密圈中少有的嫁入豪门的。她曾经是一家时尚杂志的编辑，多年前我们因为一次合作而相识，性格相投，一来二去就成了闺密。

几年前我们都是单身，有一次给她过生日，在吹蜡烛许愿的时候她喝多了酒，很大声地许愿说以后要嫁个有钱人。

结果没想到不久后愿望真的成了真。在一次采访中，她认识了现在的老公，因为长得有些微胖，我们背地里都叫他胖哥。

胖哥是名副其实的富二代，家里经营着连锁的大型服装店，留学回来后直接进入家里的企业工作，一路走的都是精英路线。

Amy 嫁给胖哥之后，我们都开始把过生日许愿当成一件很重要的事情，再也不敢因为好玩而随口乱说了。

结婚之后，胖哥提议 Amy 辞去工作，时尚传媒本来就辛苦，赚来的工资在胖哥眼中又微乎其微。但是 Amy 一直不肯放弃自己的事业，她觉得事业带给她的除了工资，还有一份满足感。

每次闺密聚会的时候，只要 Amy 在场，都会成为我们话题的焦点。无非是分成两派，一派觉得她身在福中不知福，每个月的工资都不够身上的一件衣服钱，何必非得天天看领导的脸色，上班还要挑最便宜的衣服，不然怕把直属上司比下去。

另一派算是吃不着葡萄说葡萄酸，嘴上说着钱多有啥了不起，自由才是最重要的，但每次看着 Amy 买单刷那张巨额信用卡的时候，也都羡慕得牙痒痒。

每次一聊起这件事，Amy 都态度坚决，她总是很自恋地说："姐姐要长相有长相，要能力有能力，怎么能在家坐等发霉呢，少了我是整个社会的损失！"

但后来 Amy 终究还是辞了职，她怀孕了，孕吐反应特别严重，只能暂离职场，回家待产。

那年冬天，她生了一个很可爱的小公主。我们这帮干妈们每次去看望，都不得不感慨 Amy 的命好，家里两个保姆和一个月嫂伺候着，除了喂母乳，她不用做任何事情，还有人在身边端茶倒水，这样惬意享受的日子，真是堪比神仙了。

Amy 就这样在家里做了两年的全职妈妈，就当我们所有人都以为她不会再重回职场的时候，她却出乎了我们的意料。

那天，她发了一条朋友圈，站在她之前工作的那家时尚杂志办公室所在的摩天大楼下，拍了一个自己的剪影，配文说："姐姐我又回来了。"

一瞬间，朋友圈炸开了锅，有猜测她被扫地出门的，有猜测她只是去逛逛的，我当即给她打了电话，电话占线中，不一会儿她给我回了过来，我还没来得及问，她一开口就说："丫丫断奶了，我奶妈的使命完成了，终于重见天日了。"

　　她凭借着以前在职场打下的基础，又重新回到了那家杂志社，虽然当初跟她一起入职的那些人都已经成了她的顶头上司，但她毫不介意，每天过得如鱼得水。

　　后来，我曾问过她为什么放下家里那么小的孩子，坚持回到职场，她很难得地认真了一次，表情严肃地对我说："我不但要证明自己的价值，也是想给丫丫做一个榜样，她爸爸再有钱再有本事，也弥补不了妈妈的无能，我不想让丫丫从心里认定，她的妈妈是一个没有事业的家庭妇女，只能花爸爸辛苦赚来的钱。"

3

　　其实我很能理解 Amy 的感受。她向来是一个独立要强的人，与嫁给谁无关，如果不是因为怀孕，她可能一辈子都不会离开职场。

　　一个人的独立，并不是说一定要在某一个工作岗位上苦苦坚持。你可能为了家庭牺牲了自己的事业，可能为了梦想不计较物质的得失。但是，你的内心一定要保持一种独立的惯性。

　　这种惯性，包括无论到什么时候，你都要坚持自己的梦想，都要拥有自己的交际圈，都要拥有独自生活的底气和能力。

　　我见过许多全职妈妈，她们为了家庭和孩子放弃了自己的事业，但是却不甘心每天没有收入伸手要钱的生活，所以在照顾好孩子的基础上想尽办法为自己添一些副业。

有文笔的在空闲时帮人写稿，懂外语的帮人做些翻译工作，会设计的帮人做些室内设计，实在没有一技之长的，就做微商，闲暇时卖卖东西。

赚不赚钱都不重要，重要的是，她们有追求独立的心，但凡拥有这样心思的人，只有在让自己有事可做，有光芒可以散发的时候，才不会觉得心里空落落的。

父母再富有，也不能代表你富有。如果你不能通过自己的努力得到别人的认可，那别人提起你时，也只是谁的不争气的女儿；老公再有能力，也不能代表你的社会价值，你花着别人的钱，享受着别人带来的荣耀，在别人的眼中，也只能是谁的妻子。

女人的独立，不是因为找不到一个可以依靠的人，而是即便有人可以依靠，也要活出属于自己的精彩。

女人，你在家庭之外，一定要有属于自己的社会圈子，至少在心里烦闷的时候，有几个可以彻夜谈心的闺密，在厌烦了柴米油盐的时候，有几个陪你散心旅行的好友，在拥有了某个兴趣爱好之后，有一些跟你志同道合的伙伴。

不同的社会圈子，会带给人全然不同的生活感受，你所拥有的圈子越多，见识就越开阔，生活也会越丰富多彩。如果你整天守着自己的一亩三分地，不去见识这个纷繁多彩的社会，不去见识这个广阔的世界，那你的人生将何其单调！

独立，不是说你要赚多少钱，要拥有一份多体面的工作，而是要拥有一份能够主宰自己生活的底气。

你只有拥有了这份底气，才能活出一个女人最好的生活状态。

4

每一段感情，在最开始的时候，都以为可以天长地久，每一个男人，在刚爱上一个女人的时候，都心甘情愿地为她做任何事情。

然而，时间总是酝酿出太多的意外，所以人生中最好的时候，莫过于初见。

那些遇见的人，或许会带给我们温暖，带给我们支撑，但这份温暖和支撑，谁也不知道能坚持到什么时候。

所以，老话说，求人不如靠己。

等别人强大了来保护你，不如花心思让自己强大，等别人有钱了来养活你，不如自己去赚钱。

最近身边的同事朋友们闲暇时讨论最多的，是一部很火的电视剧，相信大家都看过——《欢乐颂》。

忙到脚不沾地的我本来是没有什么兴致去追电视剧的，但是听多了之后，也忍不住好奇想去看看。于是周末的晚上卸了妆洗了澡，窝在床上看了两集，结果这一看就收不住了。

短短一周时间，我恶补了上下两部，一边意犹未尽地感叹几位主演的美貌和演技，一边感同身受地感慨大城市打拼对女孩来说有多么的不容易。

相信看过这部电视剧的人，都会从不同的角度有不同的收获，比如学习安迪的气场，学习曲筱绡的机灵，学习樊胜美的热情，学习关关的踏实，学习小蚯蚓的率真。

但是我感触最深的，却是这几个女孩身上共有的一种品质——独立。

作为同龄人的安迪和樊盛美，她们之间的反差就说明了这个问题。

可以说她们两个是在职场上打拼了十年的女人的两个极端，一个名利双收，功成名就，一个收入微薄，不求上进。

如果你说安迪靠的是家世或者后台，那就大错特错了，其实论起出身，樊胜美固然可悲，但安迪也并没有好到哪里去，身为孤儿，无依无靠，养父母虽然给了她无忧无虑的生活，但是在事业上也并没有给过她助益。

而安迪所谓的后台老谭，也是她靠着自己的本事交的朋友，况且假如她没有那一身叱咤金融界的本事，老谭也绝不会把她安排在这样一个高的位置上，所以，安迪有今天的财富地位，靠的完全是她自己。

而反观樊胜美，虽然家庭的拖累成为她事业上的一种阻碍，

但是有一句话叫作哀其不幸，怒其不争。因为有着漂亮的脸蛋，就想吊个钻石王老五飞上枝头变凤凰，用曲筱绡的话说，以为别人都是她的菜，却不知道自己才是别人盘里的那盘菜。混来混去，年过三十，大好的青春浪费在了那些不可靠的男人身上，自己的生活和事业却混成了一团糟。

所以，靠别人永远不如靠自己，别人赚的钱，永远是别人兜里的，你得溜须讨好才能要来，可是自己赚来的钱就是自己的，不用求谁，花得理直气壮。

有人说，《欢乐颂》里命最好的就是曲筱绡，天生的富二代，混世魔王一样地长大，不学无术，却轻轻松松混成了公司老总，这么好的家世要是放在樊胜美身上，樊胜美一样能出人头地。

这话说得一半对一半错，曲筱绡年纪轻轻能有现在的地位，确实跟家境分不开，假若她出身普通家庭，或许也会跟邱莹莹和关关一样，成为一个初入职场的小菜鸟。

但是，父母可以给你一个公司，能不能经营好就是你自己的本事了。家里那么有钱，又是个女孩子，养尊处优不好吗？逛街shopping 不好吗？如果樊胜美能有这样的家境，说不定做梦都会笑醒，可是曲筱绡却每天起早贪黑地改方案，天南海北地跑客户，累成这样图什么呢？

图的当然是一份独立的底气，谁说女孩子就不能有事业心，只能看着败家哥哥把好好的公司输个精光？谁说自己就得一辈子是曲总的女儿，到哪儿去都顶着个无能富家女的头衔？我就要做我自己，我就要靠自己的本事成功给所有人看！

看着她为了公司的业绩每天东奔西跑，想尽办法拉客户的这些努力，相信没有一个人敢说她有今天的成就靠的是一个富二代的头衔。

而这，就是独立的好处。

独立的曲筱绡，可以理直气壮地接受别人的夸赞；独立的安迪，理应拥有现在的一切；独立的关雎尔，不必勉强接受父母安排的相亲，有更多追求爱情的底气；独立的邱莹莹，即便能力不足，即便很傻很天真，但在犯错受伤之后，依然可以收获事业爱情双丰收。

而樊胜美也是到最后才终于明白了独立的意义，她眼看着身边的这些姐妹凭着自己的努力一日日在事业中蒸蒸日上，终于明白靠人不如靠己的道理，最后选择跳槽，决心闯出属于自己的一番天地。

所以，不要再埋怨自己的出身不好，样貌不佳，才华不够。因为当你还在对你所欠缺的地方耿耿于怀的时候，那些聪明的女人，已经开始朝着自己心中的目标大步前进。

只要你想拥有自己的一番天地，无论这条路多艰难，中间的过程多曲折，你总能到达那个属于你的完美终点。

这份荣耀，这份美丽，不需要别人来给，我们自己就能华美绽放。

5

独立的女人，美得有风骨，有气度，她们清楚自己的人生该如何规划，知道眼前的道路该如何选择，她们能够带给身边的人一种安全感，同时也能把自己照顾得很好。

她们活得纵情肆意，想发疯时就随心所欲，来一场痛快的旅行，谈一场不顾一切的恋爱；想沉稳时就沉稳，料理好自己的生活，踏踏实实地为自己的小日子去打拼。

她们知道万事随缘的道理，向往爱情，但不强求呵护，渴望友谊，但不强求知音。

她们是这世上最美丽的女子，无论走到哪里，都是别人眼中的主角。

所以，聪明的女人，你要从今天开始学会独立。

不要轻易放弃自己的梦想，即便它不能为你带来财富或荣耀，但追梦的道路，自然会有一番独特的风景，你不上路，就永远只能一边向往，一边想象。

不要轻易放弃物质的独立，用别人的钱买再贵再奢侈的东西，也无法代替自掏腰包买心仪物品的那份满足感和安全感，我们需要的底气，不是口袋里有多少钱，而是即便有一天被丢在一个陌生的地方，也有能够维持生计的能力，所以你要不断进步，不断强大。

　　你要拥有自己的时间，去读书、运动，或者做自己感兴趣的事情，一个人只有自己的精神世界丰富了，才能以饱满热情的状态去迎接琐碎的生活。你要让自己的闲暇时间有事可做，哪怕只是精心栽培一株兰花，学一两道拿手的菜肴，不要忙碌地生活到最后，一旦剩下自己一个人，就突然觉得无事可做。

　　所有独立的女人，都拥有一双洁白的羽翼，唯有将这双羽翼小心呵护，才能永远拥有飞翔的能力，在属于自己的那片自由天空中，以惊鸿之姿，优雅翱翔。

第 6 章 交朋友

123，我们都是稻草人

我们曾终日游荡，在故乡的山上，我们曾历尽辛苦，一起奔波流浪。

——苏格兰民谣

1

《友谊地久天长》是全世界广为人知的旋律，这首诞生于苏格兰乡间的小曲，随着电影《魂断蓝桥》传唱全球。

我们曾终日游荡，在故乡的山上，我们曾历尽辛苦，一起奔波流浪。让我们共同欢唱，友谊地久天长。友谊到底是什么？不同的女人，可能会有不同的诠释。

做化妆师这一行，一忙起来就没日没夜，有一回我凌晨回家，刚洗完脸准备睡觉，手机铃声突然响了起来。

"惠，出来陪我聊聊天好吗？"

电话是想想打来的，听声音她现在的状态很不好。

"怎么了，亲爱的？"我问。

想想说："心情特别不好，我想让你陪陪我！"

"那这样吧，你来我家，我叫个车去接你。"

四十分钟之后，想想一脸委屈地到了我家，一进门就抱着我哭了起来。那个晚上，疲惫不堪的我躺在床上，听着旁边想想絮絮叨叨说她和老公那些事儿。想想越说越伤心，而我呢，最后干脆抱着想想睡着了。

第二天，我把想想叫起来吃早饭。在饭桌上我问她到底是怎么回事儿。其实我心里也明白，无非就是小两口吵架了。

想想对我说，昨天她老公出差了，晚上她给老公打电话，结果就在电话里吵了起来，越吵越厉害，最后老公直接挂了电话。想想一个人在家，本来就很孤单，越想越委屈，于是想约我去酒吧。但早上她已经想明白昨天的事情，确实是自己无理取闹，一会儿就给老公打电话道歉。

想想说自己昨晚其实一点也不想去酒吧，就觉得自己一个人好孤单，等到了我家见到我，就像见到亲人一样，眼泪止不住地就流了下来。其实她也知道自己说话的时候我已经困得不行了，也就没打扰我睡觉，其实只要搂着我，她就已经非常安心了。

有的时候我会想，朋友到底是怎样的一种人，为什么想想难过的时候我会那么揪心，为什么想想看到我之后就变得安心？

我跟想想可能很久才见一次面，但当她有事情的时候，她首先想到的是我，而她也知道，我不会丢下她不管。

我到底做了什么，让想想对我这么放心呢？

我和想想是在一次活动中认识的，那个时候我们都刚入行，经常要串一些小活儿，就这么一来二去就认识了。

有一段时间，我们天天在一起，彼此觉得互相特别说得来。渐

渐成了无话不说的好朋友。

后来，又有两件事让我们的感情得到了升华。一次，我出外景的时候生了病，一个人躺在杭州的宾馆里，发着高烧。

在电话里，想想知道了我的情况，赶忙飞到了杭州照顾我。

那几天里，她白天帮我工作，晚上整晚不睡觉地照顾我，帮我用毛巾物理降温，直到工作结束才和我一起飞回北京。后来我知道，那几天想想其实有一个去香港的广告，在她得知我生病之后，推掉了工作专程来照顾我。

还有一次，我和想想共同接了一个微电影的工作，工作结束之后，制片方跟我们耍赖不想结费用。想想气得骂了对方，结果这个五大三粗的东北男人居然找来两个人吓唬我们。

看到他们气势汹汹的样子，我一把将想想拉到了身后，指着鼻子质问那三个人，和他们对峙。那三个人一看我不好对付，就想从我身后把想想拉出来。为了保护想想，我上去一脚踢到了其中一个人的要害，拉着想想朝人多的地方跑去。最后，警察来把问题解决了，制片方结了我们的费用，但还是扣了一部分所谓的"医药费"。

事后，想想搂着我说："惠你真厉害，你说你的胆子怎么那么大，男人都敢打。"

想想不知道，那时的我也是心有余悸，事后两腿一直在发抖，虽然生长在警察的家庭，但这却是我第一次和流氓打架。

我说："我也不知道那时候怎么那么勇敢，我心里想着就是不能让他们欺负你！"

后来，我们各自有了感情生活联系变得少了，再后来大家越来越忙，连见面的机会都很少。但我们都知道，在彼此的心里，我们永远是不可替代的朋友。

2

小的时候，每当我们闯了祸，我们下意识地就会跑回家躲在妈妈的怀抱里，仿佛只要钻进妈妈的怀抱，一切就都风平浪静了。

长大后，我们因为各种原因远离了妈妈，可是，我们依然在闯祸，依然在遭遇着挫折。当我们再有需要一个怀抱让我们能够躲进去的时候，朋友就适时地张开了臂膀。

朋友是我们成年生活中不可缺少的一部分，她会在我们的心中打下深深的烙印，她会给我们的人生带来深深的影响。

朋友应该是这样一种人，她给我们安全感，让我们产生心理的依赖，我们会不知不觉地把她当作我们生活的一部分，她在的时候我们不会觉得什么，但当她不在了，我们就能感觉到生活不完整了。

朋友绝对不是惯性，小时候一起长大的发小，也未必最终能够成为一生的朋友。有一些认识不长时间的，却可能会陪你走到最后。

那么，朋友是怎么来到我们身边的呢？是彼此之间共同的重要

经历。

两个人在一起时间再长，如果没有共同的经历，感情升华也会很慢。即便刚刚认识的人，如果共同经历了一件大事，也能够成为朋友。

祝女士是一个外企高管，90年代从国外回国的精英，十足的成功人士。一次，祝女士要我跟她出一趟婚礼，帮她和她的朋友艾女士做造型，地点是河北的某个农村，她的朋友艾女士是新娘的妈妈，一个朴实的农村妇女。

祝女士出生在厦门，初中毕业之后就去了英国，回国之后一直生活在精英阶层，我很好奇祝女士怎么会在河北农村有艾女士这样一个朋友。

祝女士跟我说，艾女士原来是她家的保姆，一次祝女士家发生了燃气泄漏。那个时候没有安防措施，而且泄露是发生在晚上睡觉的时候，祝女士没察觉到就晕倒了。

艾女士虽然也中了毒，但她身体要比祝女士好很多，所以还能动弹。像这种情况，一般人都是选择自己逃生然后报警，但她却先爬去了祝女士的房间，拖着祝女士向外爬。拖不动了，就干脆用牙咬着祝女士的衣襟把她拖出了房。

倒在房门外，艾女士敲开邻居家门请求他们报了警，在救护车来之前，祝女士已经严重昏迷，艾女士强挣扎着把祝女士打醒，使劲咬着她的手，就是不让她睡去。最后，两个人都得救了。

祝女士说："艾姐姐救了我一命自不必说，但你要知道，她是冒着生命危险来救我的，如果不救我，她自己跑出去绝对没问题，但她救了我，可能不敢保证自己能活着出去了。"

祝女士没有兄弟姐妹，从这以后，她把艾女士当亲姐姐一样看待。

后来，艾女士回了老家，两个人之间的联系也没有断绝。

再后来，艾女士生了一场大病在北京做手术，祝女士每天都来病房探望，手术后那几天干脆就直接陪在病房里，真的像对亲姐姐一样伺候艾女士。

两个人在互相有难的时候都帮助了对方，而且不是那种"救人于危难之际"的侠义，而是出于彼此相互之间的感情。这感情促使她们为对方牺牲，而这种牺牲又反过来升华了彼此的感情。

虽然，在我这种外人看来，两个人各方面都相差悬殊，但对于她们彼此而言，却是人生再难寻觅的姐妹淘。

在艾女士家里，她看到我这个"北京来的大化妆师"还有点拘谨，客气得让我不好意思，但当她和祝女士相处的时候，却真的像一对出自一个母亲的亲姐妹，没有丝毫的疏离感。

不经大事，不见人心，经过了大事，我们更能看到真正的朋友的可贵。

经过了大事的朋友，彼此之间会有一个结实的纽带，会形成一个不可抹去的共同记忆，这些在时间中发酵，最终会成为最浓烈的友谊。这种友谊可以超越财富、学识、社会地位，让朋友成为你生

命中不可替代的那一个人。

3

　　每个人都是孤零零地生活在这个世界里，像一个稻草人一样，孤单地矗立在麦田中，与风雨为伴。

　　但是，如果两个稻草人放在一起，让他们彼此做伴，孤单就会被友谊取代。

　　生活在快节奏的当下，因为工作的忙碌而淡忘了朋友，这种情况任谁都在所难免。然而，真正的朋友不会因为你的淡忘而消失，不会因为你的忽视就远离，她会静静地等在那里，等你有需要的时候，随叫随到。

　　人的一生，应该有一些真正的朋友。这些朋友可能对你的事业没有任何帮助，不会给你带来金钱上面收益，对你拓展人脉圈没有作用，有时甚至会占用你的宝贵时间，但这一切都是值得的，因为朋友的价值是不可衡量的。

　　在外面这么多年，我交了很多朋友，我不敢保证每一个都是像想想这样的朋友，但我敢保证的是，在与每一个人交往的时候，我都会用心对待，都会真诚地去面对。

　　有人说，朋友之间最好不要谈钱，这一点我同意，但我觉得，朋友之间也不用避讳这些。真正的朋友，彼此是没有禁区的。

有人说，在社会上交朋友要谨慎，这一点我也同意，但我也觉得，谨慎不等于处处提防，如果每个人都攥紧双手，那么彼此得到的就一定只是拳头。

有人说，女人最好不要有男性朋友，这一点我不反对，但我依然觉得，男性朋友也是朋友之一，为什么一定要拒绝呢？只要你自己的心是正的，男女在一起也一样有真挚的友谊。

交朋友要讲缘分，缘是相识相知的机会，分是把握住机会。彼此有缘无分的人很多，我只是希望，这件事不要太多地发生在你我身上。

第7章 去交际

人脉的正确打开方式

有一些人，他们赤脚在你生命中走过，眉眼带笑，不短暂，也不漫长，却足以让你体会幸福，领略痛楚，回忆一生。

——《阳光姐妹淘》

1

"你以为一个女孩去报财大的 MBA 是为什么？"刘丽这样问我。

"难道不是为了钓一个金龟婿？"我问。

"别人我不知道，但至少我不是！"

"你不会真的是为了深造吧？"

"倒也没有那么纯粹，我的目的和大多数人都一样，是为了交朋友！男人能做的事情，咱们女人也一样能！包括拓展人脉！"刘丽坦然地回答。

"但一个美女出现在 MBA 课堂上，难免会让那群成功人士戴上桃色眼镜吧！"

"那我就用行动让他们把眼镜摘下去。"

事情就和刘丽所料想的一样，商业女性的魅力和出众的外表，让她在课堂上格外引人注目。第一天下课后，有四个同学在微信上跟刘丽"say hi"，半个月之后，有一个叫王总的同学就开始约刘丽一起吃晚餐了。

刘丽知道王总是什么目的，但依然赴约。

在 CBD 的高档餐厅，刘丽和王总谈起了自己的事业和理想，以及为这些所做的努力。王总的兴趣不在于此，他试图将话题引到感情生活上。

对于王总的醉翁之意，刘丽莞尔一笑，没有拒绝，而是坦然聊起了自己理想中的情感。

刘丽坦言自己是一个相信爱情的人，在性的方面更是一个很保守的人，这样的坦率让王总有些失望并不知所措，他一下子就兴趣索然。

于是，两个人的话题开始转移到 MBA 课程上来。刘丽对王总说，大家报这个 MBA 的课程，当然是为了结识人脉，但如果说全部的意义都在于想方设法结识有价值的同学，倒有些极端。

首先，人脉真正能够发挥作用的条件是对于彼此都有利，以这种纯商业目的结识的人脉，必须实现双赢并"一加一大于二"才能成立。如果一个人本身没有什么价值，而仅仅是想通过这样一堂课认识一些企业高管、商业大咖，最终的结果一定会让他失望。

其次，财大的 MBA 课程还是有很多对于大家事业有帮助的知识的，这些知识对我们每个人的意义在于：我们大多数人都算是商业成功人士，但成功的方式各有不同，商业思维千奇百怪，如果说财大的 MBA 是学院派的话，我们每个人的商业理念都算是野路子。我们用这些野路子，获得了实实在在的成功，但如果想更进一步，就要和学

院派进行一些互动，学院派可能是纸上谈兵，但会帮助我们提升我们的商业思维，让我们这种野路子更上一个台阶。

而且，因为我们每个人的商业理念不同，大家在同一个课堂里，彼此聊一聊自己的经历，也是一个互相学习的过程。这样，即便不能从同学那里得到什么实实在在的资源，但得到了商业思维的启迪，不一样是极大的收获吗？

刘丽说："比如我，昨天跟 XX 保险的杨总聊了一些他们在县下乡镇推广保险业务的经验，我原本以为保险业在这些县下乡镇的推广手段都既老土又低效，但杨总却告诉我，在特殊的领域，老土的手段反而是最高效的，这对于我来说就是一个极大的启发……"

听着刘丽这番话，王总忽然重新燃起了对刘丽的兴趣，他觉得这个女人不简单，开始佩服起刘丽的头脑来了。

就这样，原本打算三个小时结束的晚餐，两个人愣是聊了五个小时，晚餐后，王总让司机送刘丽回家，结果刘丽要求先回公司，她还有几个越洋的工作没有完成。

用刘丽自己的话说，"我知道在我转身的时候，王总在我背后的眼神已经不再是色眯眯的了。"

2

让王总对刘丽彻底拜服的是之后发生的两件事。

刘丽是一家教育类公司的老总，对接国内和国外的教育资源，刚好王总的公司每年有几次重点的出国培训，刘丽通过招标的方式承接了其中的一次。

在招标之前，刘丽请王总吃了顿饭，这顿饭并不是求王总走后门，而是帮王总分析当下出国培训的状况，以及帮王总梳理了一个最佳的方案选择。当然，这个最佳方案是刘丽公司提出的。

不仅如此，刘丽还给了王总一个绝对超值的报价。刘丽的意思是，王总和自己是朋友，虽然她想通过这层关系做生意，但也想要给朋友帮个忙，让朋友的钱花得更值。

饭后，王总给手下打了个电话，得到的结论是，刘丽的价格确实是同等资源里面最低的，比市场价要低 14 个百分点。刘总明白，这么高的性价比，就算刘丽不请他吃饭，走正常的程序，中标的也一定是刘丽的公司。

从这件事开始，刘丽和王总的公司达成了长期合作的关系，王总从刘丽那里不但能获得最优的服务，还总是能拿到优惠的价格。

后来，因为一次特殊情况，刘丽公司在提供服务的重点环节上出了一些问题，实际上已经算是违约了。王总想，这次刘丽总会求

一求自己了。

王总没想到的是，刘丽带着自己的法务来到了王总的公司进行交涉，原来，双方签订的合同是有某种条件下的免责条款的，在这些条款下，刘丽公司因为特殊情况的违约是不用承担责任的。

但刘丽随即对王总表示，虽然从生意的角度讲，自己不用承担任何责任，但从朋友的角度讲，没有办好王总的事情还是觉得很歉意，希望王总能够谅解，并提出了补偿方案。

财大气粗的王总自然不在乎什么补偿，但刘丽的行为彻底让他折服了，这是一个完全不依靠美色交朋友的人，她精明强干、大方得体、有责任心，更关键的是，她从来没有丧失自己独立的人格，她是一个值得交往的朋友。

从那以后，王总再也没有对刘丽有过越轨的想法，他开始真的像一个朋友那样尊重刘丽，与刘丽平等交往。

后来，王总的父亲在小区周围遛弯走失了，王总的老母亲急得要命，远在迪拜的王总心急如焚，赶快给北京的下属打电话，同时把电话打到刘丽那里。刘丽正在天津开会，接到王总的电话立即就回了北京，利用自己的关系出动社区资源，找了一天一夜，终于在大北窑附近把王伯伯找到了。

事后，王总拉着刘丽的手说，自己在商场这么多年，见惯了那些想要靠卖弄长相获得点什么的女人，所以刚一开始看到刘丽的时候，也产生了这种想法，现在想来真是无地自容，这辈子能认识刘丽这样的朋友，真是自己的幸运。

说这些话的时候，一个管理着上千名员工的老总居然流下了泪水。

刘丽对我说："如果我完全排斥有目的性的人，不让他们接近我，那大学之后我就不会再有新朋友了。我只要自己不卖弄美貌和身体，让人看到我闪光的一面，肯定能够获得他人的尊重和友谊。"

刘丽的话给了我很大的启发，一个不尊重自己的人，怎么能够交到真的朋友呢？

女人，只有当我们放弃卖弄自己的美貌，用人格和能力去打造人脉的时候，结交的才会是真正的朋友。

3

刘丽的故事让我们明白，女人不能完全排斥功利的朋友，这种功利可能是为了钱，也可能是为了其他目的，但无论这种人抱着什么目的来，我们最终都要让他们看到我们身上闪光的一面。

女人可以用样貌去结识人脉，但人脉的正确打开方式，应该是坦诚相待，真心换真心。

几年前，我出差去上海，同行的摄影团队因为有事订了后一班飞机。下午 2 点多，我和助手到了上海，按计划 1 个小时之后摄影

团队就应该到了。结果，摄影师给我打电话说航班取消了，他们赶不过来了。

当天的工作是晚上 7 点钟开始，艺人和创作团队都已经就位了，摄影师却被困在了北京，实在太要命了。

我赶忙翻朋友圈找能够帮得上忙的朋友，终于找到了我当年在上海工作时的老同事小吴。

小吴当天正好没事在家带孩子，接到我的电话之后把孩子交给妻子就开车到了现场，小吴的摄影水平没有问题，简单沟通了一个小时之后，小吴就领会了拍摄创意，很好地帮我完成了这项工作。

在工作的间隙，我和小吴寒暄了几句，大致了解了小吴一天的拍摄费用是 3000 元。之后，我让助手赶紧去附近银行取了 4000 元包了个红包给小吴。

在来之前，小吴就已经在电话里跟我强调，这次是纯属帮忙救急，工作完一分钱也不要。但是，我还是硬把红包塞给了小吴，当小吴看到红包里的钱比他正常的费用还多时，明显有点惊讶。

我对小吴说："我这边工作出了纰漏，你能够赶过来帮我补救，我已经很感谢了，如果再不给你钱，我这个朋友就当得太不像话了。我请你来帮忙，你二话不说就过来了，是你对我够朋友，这人情我发自内心地感谢，朋友已经出力了，难道我还能再让朋友在钱上吃亏吗？"

因为工作的关系，我在不同行业都认识一些朋友，有教师，有医生，有律师，有理财顾问，有电视台主持人。

有的时候，我遇到他们相关领域的事情会向他们请求帮助，从他们的角度讲，他们来帮我忙是出于朋友的义务，但在我这里，当每次寻求他们帮助的时候，我从来都不会让他们在钱上吃亏的。

我的理念是，找朋友帮忙是为了让事情办起来更放心，而不是使用免费的劳动力。再好的朋友，只要是他工作领域对我的帮助，我都要支付他费用。

当然，这不代表我给了钱之后我就不领人情了，我依然很感谢他们的帮忙，只不过，我认为人脉的正确打开方式就应该是这样，求助要领人情，但绝不让朋友在钱上吃亏。

现代社会给了女人更广阔的交际空间，我们在家庭和同学之外，依然有条件经营属于自己的人脉。只不过，女人的人脉不应该靠姿色去维持，而应该通过向他人展示你姿色之外的价值。

第 8 章 装扮人生

懂得化妆的女人更美丽

　　我痴迷彩妆的原因之一，就是通过眼线和口红的变化能彻底改变一个人的态度。

——碧昂丝·诺斯

1

　　曾听到这样的话："再怎么捯饬也不如爸妈给一张好看的脸！"其实我倒觉得，以很多女人对于自己那张脸的无所谓态度，她还真没有责怪父母的资格。

　　女人，无论你的样貌如何，都是你给别人最初的印象。如果你不关心自己的样貌，那么，就不要责怪别人不关心你。所以，不要再说打扮不重要，老老实实地上一堂化妆课吧。

　　有很多人问我，该怎么化妆才好看，该怎么保养皮肤才水嫩，该怎么穿衣打扮才能显得时尚有个性。

　　说实话，这些问题我真的有具体研究过。针对个人形象设计，开设私人定制的课程，但没有统一答案。因为一千个人有一千种长相，有一千种皮肤状态和个人气质。

　　你眼睛小，那就弱化眼睛，突出自己的特点，不是只有大眼睛才是美女。你脸颊宽，就用修容，你上班妆容就要简单、精致、干练。你约会必须清纯、可爱、干净。你有干纹就得补水保湿，你肤色暗黄就得美白，你去见客户就得穿得正式，你去酒吧就得火辣性感……

不同的样貌，不同的场合，不同的需求，答案都是各不相同的，但总有一点可以达成一致，那就是你装扮你的脸蛋和身材，这份心情永远不会有错。

爱美是女人的天性，我们爱美，不是为了取悦别人，不是为了给别人看，而是为了增加自信，愉悦自己的心情。当然，如果能顺便得到他人的夸赞，得到陌生人的频频回首就再好不过了。

要说化妆打扮是女人的天性，也并不准确，要不怎么现在连美容院都设立男子部了呢！

现在许多男士也很重视衣着搭配，出门习惯了喷香水，甚至化淡妆。如果你认为这很娘，那就大错特错了，这是一种有品位有修养的象征，是对别人的一种尊重，我重视你，所以我才想把最好的精神面貌展现在你面前。

还记得在我们小的时候，绝大多数的女人都还是素面朝天的，只有那些留过学、家境良好的女性会化很好看的妆容，可是现在，如果你走在大街上就会发现，十个女人中有九个都是发色靓丽、妆容精致、衣着时尚的。这已经成为一种被所有人接纳的如吃饭、睡觉一样每天都要坚持和重复的习惯，是我们生活的一个重要组成部分，而且成了一种职场和社交礼仪。

所以，如果生活在这个年代，你的梳妆台上竟然还没有一套齐全的化妆品，那我只能说，你落伍啦！

2

我的好朋友 Daisy 有一句很经典的话："我不化妆出门的时候，总觉得别人看我的眼神像我没穿衣服！"

这句话一点也没错，因为当一个女人习惯了化妆，习惯了美好妆容带来的那种自信之后，一旦素颜出门，就会等同于裸奔。

精致妆容，是展现优雅气质的开始，你准备好迎接一个更加完美的自己了吗？

每一天来咨询我化妆问题的人很多，我的微信里经常能收到熟悉或者不太熟悉的朋友们询问化妆品的信息，大多数都是发来一张图片或者写着某个品牌，然后问我这个品牌的这款化妆品好用不好用。

其实这就是我要纠正大家的一个意识，选化妆品其实跟选老公一样，没有哪一款是适合天底下所有女人的，所以，只要这款产品的质量是有保证的，那么就没有好不好，只有合适不合适。

很多女性在初学化妆的时候，都有一种从众心理，尤其是现在网络上教化妆的视频很多，自己不会挑选，就索性跟别人选一样的，觉得既然别人用得很好，那就一定不会出错。

其实这个想法不完全正确，因为别人用得好的东西，不一定适合你，如果有一种化妆品是适合所有女性肤质的，那我们化妆师的工作可就轻松多了，就选一款适合所有人的带出门工作好了，何必每天背着个大箱子，里面光是粉底就几十种呢？

我身边就经常有朋友有这样的抱怨："别人都说这个牌子怎么怎么好，我花了半个月工资买回来了，结果还没有我网上几十块钱淘回来的效果好！"

你是不是也是这样呢，见别人用的什么好，就通通买回来，结果绝大多数都压了箱底，钱没少花，还没几样用得顺手的。

所以，化妆品一定要谨慎选择，在质量有保证的前提下，适合自己的才是最好的。

要想选对适合自己的化妆品，首先要充分了解自己的肌肤状态。

油性皮肤的人在选择妆前乳和粉底、BB 霜的时候，尽量选择控油的，千万不要涂完之后成了一片"油田"。如果你的皮肤油脂分泌旺盛，那出门前一定要记得带吸油纸，定妆粉饼，在必要的时候做一些补救。

而干性皮肤的人选择则正好相反，我们经常看到有些人化完妆后妆面不服帖，起皮，皱纹明显，这就是皮肤缺水造成的。如果你有这样的问题，首先要注意肌肤的补水和保湿，化妆前可以先敷一片补水面膜，润肤，隔离选用滋润高保湿类产品，然后在粉底的选择上尽量选择水润、滋润型的粉底液、气垫粉底、CC 霜、BB 霜。

如果你的皮肤很干，可以为自己挑选一款带精油的保湿喷雾，在化了妆不好补水的情况下，经常用喷雾给皮肤补水，补油，也是

一个很好的选择。但是在使用喷雾时一定要离开脸部十五厘米的距离，而且一次不要喷太多，否则容易花妆。

还有就是肤色的问题。这点在挑选粉底色号的时候尤其重要，千万不要为了追求白皙就选择一款与自己肤色相差太多的粉底，那样出来的效果会很不自然，就像葡萄上了霜一样！

粉底的最佳选择，通常面部会比脖子白一些，选择粉底色号时，可以选用和面部一个色号的粉底颜色，也可以选用介于脖子和面部之间的粉底色号，注意脖子和耳后也要化！这样出来的皮肤状态才会均匀又自然，好好做好遮瑕工作，看起来就像天生丽质一般，最适合日常妆容。（所有底妆类产品都分黄色、粉色要根据个人肤色选择）

还有些朋友会有这样的疑问：为什么以前用得很好的化妆品，突然有一段时间用着效果不好了？比如之前一直使用的粉底，最近用起来就变得不服帖了，是不是放久了质量不好了？

其实我们的皮肤状态并不是一成不变的，它会根据季节、心情、身体状态发生改变，有时候，这种改变还不小呢。

比如，夏季天气炎热，皮肤油脂分泌旺盛，就会比较容易出油，而冬天气候寒冷，空气中缺少水分，所以皮肤容易干燥甚至出现细小的干纹，所以我们在选择化妆品的时候，也要有所不同。

要经常观察自己的肌肤状态，及时选择适合自己的化妆产品，这样才能任何时候都美美地！

选对了化妆品，接下来就是找到最适合自己的妆容了。

先来观察一下自己的气质：自己是属于清纯可人的邻家妹妹，还是自信优雅的魅力熟女？是淡雅脱俗的文艺女青年，还是摩登时尚的都市白领？

然后结合自身的气质与常出现的场合，就自然可以选择一款最适合自己的妆容。

接下来，再观察一下自己的面部特征，眼睛的形状大小，鼻梁的高低，嘴唇的薄厚，脸型的宽窄，五官的比例……

化妆之所以能让人看起来更加美丽，是因为它能通过不同的技巧来放大你美丽的地方，然后帮你弱化你的不足。

眼睛大的女孩子，稍稍在睫毛根部画一条细窄的眼线，涂一点睫毛膏，就能轻松完成眼部妆容，而眼睛不够大的女孩子，通过改变眼形，即用眼影眼线拉长眼形，精致点缀，拉长眼尾，加微卷翘睫毛等方式，也可以达到眼妆干净漂亮的效果。

鼻梁高的女孩子，可能不需要做任何鼻部的修饰，但是鼻梁不够高，或者鼻子过宽的女孩子，也可以通过 T 区高光，鼻翼两侧打阴影的方式来起到加深立体感的效果。

然后，再来修饰脸型的不足。如果额头过宽，可以在额头两侧打阴影，或者放下刘海来进行遮盖。如果脸颊较宽，就多在两侧的修容上下点功夫，通过高光和阴影的方式来打造小 V 脸的感觉。

但是，切记不要过度修饰，打阴影时着重看一下侧面的效果，

适可而止。所谓过犹不及，如果阴影打得过度，脸上容易形成明显的分区，到时候美丽不成反被嘲笑，就得不偿失了。

最后，选择一款颜色合适自己肤色和整体妆容的口红或唇彩，再打理一下头发，就可以美美地出门啦！

当然，千万不要忘记化妆最重要的一步，那就是卸妆。有些女孩出门时为了美丽，很精心地化妆，但是对于卸妆的部分却疏于重视。

其实，化妆只是短暂的美丽，卸妆才是长久保持肌肤好状态的最重要步骤。

现在市面上的许多化妆产品都是防水的，单纯用洗面奶很难清洗干净，即便洗脸后看起来妆容洗掉了，但其实许多杂质还残留在毛孔中，天长日久后，容易形成毛孔堵塞，长痘甚至发炎。

所以，如果你化了妆出门，那么用卸妆产品卸妆这一个步骤千万不能因为懒惰而省掉。

从卸妆液到卸妆乳、卸妆油、卸妆膏，种类繁多，一样的道理，还是要选择适合自己的。还有眼部的妆容，尽量使用专门的眼唇卸妆产品会比较好，因为眼周肌肤比较脆弱，需要小心呵护。

总之，化妆是一门很复杂的学问，只要你用心去学习，慢慢积累经验，找到适合自己的，你一定会一天比一天更加美丽。

3

如果说化妆是为了美丽一天，那么护肤就是为了与时间抗衡，为了维持女人长久的美丽。

我们常听到这样一句话：30 岁之前的美丽靠天生，30 岁之后的美丽靠自己。

有很多二十多岁的女孩子，总有一种错误的观念，觉得自己还年轻，不需要在自己的脸上花太多心思，只有害怕苍老的老女人才想办法去留住自己的年轻状态。

其实不然，保养要趁早，否则等到了皱纹丛生的那一天，就算是天价的保养品也是无力回天的。

正常来说，女人的皮肤状态是从 25 岁以后就开始走下坡路。25 岁之前，皮肤自然水嫩，光泽度很好，就算不化妆，至少也是嫩白光泽的，但是，25 岁以后，如果你不注意补水和保养，那么皮肤状态就会一日日变差，或许你还没有什么感觉，路上的小朋友们就开始管你叫阿姨了。

说到护肤，效果最好的肯定是面膜。我们看综艺节目经常看到，女明星们不论多累多忙，只要一有空闲时间就会给自己敷面膜，其实这一点也没有夸张，因为在我认识的明星中，绝大多数都是一天至少敷一片面膜的。很多男明星也不例外！

　　明星们每天带妆工作，为了上镜好看，需要保持最好的精神状态，所以敷面膜的频率自然会高一些。对于我们普通的上班族来说，在肌肤状态不好的时候一天一次，其他的时候一周两到三次也已经足够了。

　　现在市场上的面膜价位相差很大，从几元一片到数百元一片不等，我们在选择的时候，可以根据自己的经济情况来选择。当然，什么东西都是一分钱一分货的，贵的面膜自然有它贵的道理，不过这也不等于便宜一些的面膜就无法满足我们护肤的需求。

　　其实韩国、日本一些比较平价的面膜效果也是非常不错的，建议你可以趁"双十一"等节日多挑选一些试一试，用完的效果是好是坏，自己一眼就可以看出来。

　　面膜不但价位各异，用途也分很多种，最常见的有补水、去皱和美白，我的建议是这些不同用途的面膜都备一些，以保证你的肌肤在不同的状态下都可以用到合适的面膜。

　　我们经常在网上看到一些小偏方教如何自制面膜，其实自制面膜只要材料新鲜也不是不可以，但是网络上的东西也不能盲目相信，其中还是有一些不可取的。

　　之前我就见到过一个朋友，自制一种鸡蛋面膜，结果脸部发炎去了医院。

　　我们买的面膜可能含有许多动植物的成分，但这些都是经过专业加工消毒的，不代表我们可以直接把这些材料涂在脸上，比如鸡蛋中就含有许多细菌，自己直接敷用的时候还是要多加小心。

在这里还要特别一提的是眼部的保养，许多朋友为了怕麻烦，在护肤的时候直接将眼部与面部其他地方等同处理，时间久了就会发现眼部出现许多问题，比如细纹、脂肪粒等。

眼部的肌肤比普通皮肤要脆弱很多，需要加倍小心呵护，在保养时最好使用专门的眼霜，而且手法要轻柔，不要用力拉扯，否则很容易长皱纹！

当然，护肤品再多再贵，也只是外在保养，如果想让肌肤由内而外地保持良好状态，对身体的调理也是必不可少的，平时少吃辛辣油腻的食物，保证健康规律的饮食和作息习惯，保持愉快的心情，经常运动流汗，多多补充水分，这些都是保持健康肌肤状态很重要的因素。

4

相比化妆，服装搭配就更是仁者见仁智者见智了。

我们总说，人靠衣装，佛靠金装，其实就是这个道理。

比如，如果一个人衣着得体，谈叶优雅，我们还没有与他对话，就已经在心里为他打了一个很高的分数。但如果他衣着邋遢，不修边幅，那即便他满腹学识，可能也很难挽回给人留下的不好印象。

人不可貌相，这句话没错，但这并不是说我们就可以完全不在乎自己的衣着外在，可以随意邋遢，甚至不穿衣服出门。

所以说到底，衣着打扮不但重要，而且极其重要，从某种程度上来说，服饰是一种无声的语言，它几乎等同于一个人的社会地位。

有人说，女人的衣柜里总是少一件衣服，因为就算衣服再多，到了出门时也不知道该穿哪一件。

其实，衣服不在数量的多少，而在于你的衣服质量是否拿得出手，是否能够搭配到一起去。

女人25岁以前可以随便穿衣，因为尚生活在校园中，只要干净清爽，无论穿什么都好看，但是，25岁以后，就一定要舍得在自己的衣柜上下血本。

买衣服可以不必追求名牌，但是好衣服的质感与上身的效果与便宜货终究是不同的，你身上的衣服是高端还是廉价，有品位的人一眼就能看出来。

所以，衣柜里的衣服宁愿少，也不要到正式场合的时候一件也拿不出手。

还有很重要的一点，就是服饰要选择适合自己的风格。有很多女性朋友喜欢追求潮流，今年流行什么就买什么，满衣柜的衣服都是当年的流行款，但是就是搭配不到一起去。

这是因为买衣服的时候，她从来不考虑搭配的问题。看中街头风的机车服就买回家了，结果穿的时候才发现自己没有能搭配它的裤子、鞋子和包包；看中一款很性感的连衣裙，就忍不住掏了腰包，可是等到宴会想美美地穿出去的时候，发现鞋柜里全是休闲鞋和运动鞋。

所以最好的解决办法就是，选择适合自己风格的衣服，因为相同风格的衣服搭配在一起，至少不会出错。

当然，如果你偶尔想尝试不同风格的衣服也不是不可以，那就在买它的时候考虑好搭配的问题，把缺少的其他搭配一起买回家。

不知道你是否也有冲动消费的毛病，很多衣服当时看起来很好看，就不管不顾地买回家，可是连吊牌都没摘就放进衣柜的最里面了，白白浪费钱。

所以，下次在看中一件衣服的时候，记得问自己三个问题：我喜欢它吗？我适合它吗？我需要它吗？

这三个问题如果其中有一个问题的答案是否定的，那么你就要谨慎选择了。

如果你不喜欢，买回家多半不会穿，就像那些图便宜买回家的衣服，虽然看起来很划算，可是一次都没有穿过，算下来也是一种浪费。

如果你不适合它，那么它再好看，也不属于你，性感暴露的衣服别人穿上很好看，但如果你是个传统保守的人，那么买回去也只能自己欣赏。潮酷范儿十足的衣服，另有一番时尚感，但如果你穿不出这种调调，那也没有美感可言，所以适合自己才最重要。

如果它既好看，又适合你，但是你不需要，也不要冲动去买。如果家里已经有了很多相似的款式，再买回去也是浪费，又何必多花这份钱呢？

所以，下次当你再冲动消费的时候，记得试试问自己这三个问题吧！

服饰的搭配，可以按个人的喜好随意发挥，但是要记住三个原则：和谐，美感，个性。

和谐包括整体的风格、颜色的搭配与出席的场合等。

切记身上的颜色不要过多，一般正式场合，以全身颜色不超过三种为宜，平时女孩子的衣服颜色可以多一些，但也不要让人眼花缭乱。

美感与个性自不必细说，每个人的审美不同，选择你自己喜欢的风格就好。

女人，不要盲目去追逐潮流，而忽视了自己的风格与个性，其实只要你足够自信，就能穿出属于自己的潮流。

女人的一生很短暂，如果你现在不尽情去美丽，难道等老了的时候再追悔莫及吗？所以，在最好的年纪里，记得对自己好一点。

第9章 品位优雅

女人的味道是优雅

姑娘
你的光芒无可抵挡

当玛丽·安托瓦内特皇后被推上断头台的时候，她踩到了刽子手的脚，皇后看着这个即将要杀掉自己的人，轻声说了一句："对不起，我不是故意的。"

——斯蒂芬·茨威格

1

提起优雅，你最先想到的是什么？

是奥黛丽·赫本的小黑裙，还是皮包上 LV 两个字母所代表的时尚含义？

是高跟长裙、发髻光滑的雍容精致，还是低眉浅笑、步若莲花的出尘气质？

其实，优雅是一种说不清道不明的东西，如果没有那一抹孤芳自赏的自信，没有嘴角那一抹摄人心魂的涟漪，那么即便是满身名牌，也一样摆脱不了一个俗字。

如果一定要给优雅下一个定义，我觉得，它应该是一种面对生活的态度。

这份态度与贫富无关，与年龄无关，只要拥有了它，无论生活多么贫瘠与苍白，都能在泥泞与苦难之中把自己绽放成一朵最绚丽的花，让世人为之倾慕，让蝴蝶为之停留。

这话说起来简单，做起来却很难。因为绝大多数女性似乎是从内心深处就缺乏一种自信，认为"优雅"二字并不是尘俗中的我们配得上的，以至于即使有人赞美我们优雅，也只当成是对方一种过高的赞誉，只是一笑而过。

毕竟，为了生计，为了梦想，为了明天，我们每天都要豁出去跟男人一样四处拼搏，受了伤不敢哭，疲惫了也不敢喊累，只要能够在偌大的城市里拥有一点点能确定下来的小幸福，就已经艰难无比了，谁又敢奢求什么精致优雅呢？

所以，在内心深处，我们始终把优雅二字当成一种遥远的奢望，认为只有摆脱了生活困扰的天之骄女们，才配得上它。因为优雅是需要资本的，如果你的身上没有来自巴黎的大牌衣服，脖子上没有动辄六位数的奢华珠宝，身边没有站着一位儒雅的绅士，又怎么能算得上是优雅呢？

而当你有了这种想法之后，生活似乎就变得简单了，只要安心于自己的平庸，放任自己在忙碌的生活中摸爬滚打，然后一日日变得苍老，一日日变得为了蝇头小利斤斤计较。等变成了一个愁眉苦脸的黄脸婆，再把这一切的过错都推给生活，埋怨生活害苦了你。

可是，优雅真的是只有出身高贵、生活富有的公主才拥有的特权吗？优雅等同于对尘世喧嚣、柴米油盐的不理不睬吗？

并不是的。

有太多的女人，跟你一样出身平凡，却像出水芙蓉一样为自己

绽放出了高贵；有太多的女人，跟你一样为了生活奔波，却在苦难中倔强生长，所有人都看到了她的与众不同。

她们跟我们一样，都是被人间烟火喂养长大的凡夫俗子，可你有没有想过，为什么她们可以在崎岖不平的人生道路上保持美丽，你却只能挣扎打滚，满身泥泞呢？为什么她们历经了苦难却依然笑容美丽，惹人怜爱，你却一脸苦大仇深、面目全非呢？

其实与她们相比，你缺少的不是幸运，不是财富，而是一颗敢于优雅的心，和一种要么优雅要么死的生活态度。

2

我与鸢洁的相识，完全是一场机缘巧合。

那时，我受邀去成都参加一场造型课程，听说成都的小通巷是有名的文艺情怀聚集地，于是不免好奇前去体验一番。

走累了，就在临街的一家小咖啡屋里坐下休息，点了一杯咖啡，百无聊赖地看小店里来来往往的行人。

咖啡屋里侧靠窗座位上的一个女顾客吸引了我的注意力，她看起来比我大几岁，穿着一身淡青色的棉麻长裙，头发很随意地在后面拢成一个发髻，手里拿着一支笔，正低头在笔记本上刷刷地写着字，旁边是一杯已经放冷了的咖啡。

阳光透过玻璃窗洒在她的左半边脸上，有一种说不出来的美感，好像她即便是一动不动，面无表情地坐在那里，也能让人产生无限美好的联想。那一瞬间，我甚至想起了曾在某本书里见到过的张爱玲的照片，五官不甚美，可只是淡淡微笑，就有一种超然世外的美感。

我曾听说过，许多文人作家喜欢在咖啡馆这样的环境中搞创作，于是心里不由得兴奋，心想终于有幸一见。

我忍不住拿出手机，对着她拍下了一张照片，我知道这有些不礼貌，但我毫无恶意。

然后，或许是被快门的咔嚓声惊到了，她突然抬起头朝我看过来，起初是惊讶，而后表情转成一种犹疑。

我急忙抱歉地微笑，站起身上前跟她解释："实在抱歉，我无意冒犯，只是觉得你很美丽。"

她愣了片刻，转而优雅一笑，站起身试探着问道："你是那位化妆师吧？"

我倍感吃惊，脑子里所有的回忆都翻腾了一遍，唯恐是曾经见过面但是自己忘记的。

她继而解释道："我之前在一堂课上见过你，听过你对化妆的讲解，收获很多，所以印象深刻，没想到今日有幸一见。"

她的话让我很不好意思，急忙摆手不敢当不敢当。客气和寒暄了一番后，我们坐下攀谈起来，我才知道，她叫鸢洁，是一个在成都扎根的自由作家。

这就是我与鸢洁的第一次见面，说起来是一段跨越了大半个中国的神奇缘分，或许像她这样的女子，与她沾边的事情多半都会带着一些传奇的味道吧。就像她说的，她的名字鸢洁，谐音有"缘结"的意思，世间万事万物，说到底都逃不出一个缘字。

在成都的那几天，她带着我转遍了所有值得一玩的地方，还介绍了一些朋友给我认识，临走前的那天，她邀请我去她家做客，说是要设宴为我饯行。

她家住在成都郊区的一栋小别墅里，我打车过去，一下车就被那个整齐干净的小院子吸引了，那时正是初夏，甬道两旁的草坪上种着各种颜色的雏菊和星星草，院墙的栅栏漆成白色，上面爬着绿色的藤蔓。

我不由得又是惊喜又是羡慕，这简直是我梦想中的生活啊。

房子里是两层的复式结构，并不算很大，但是大到整体风格，小到每一个不起眼的细节，都能看出女主人细腻的心思和生活品位。

参观完房间，我到厨房去帮她忙活，她准备了一顿精致的西餐，且不说味道，摆盘的技术简直堪比米其林餐厅，从配色到形状，连我这个平时靠研究色彩与美学吃饭的专业人士都甘拜下风。

我从心里认定她多半是个隐形白富美，所以才方方面面追求完美。

快开饭时，又来了两个她的好姐妹，说是专门来介绍给我认识的，其中有一个是她以前的同事，还有一个是甜品店的老板。

吃饭时，我禁不住好奇，拐弯抹角地打听她的过往经历，结果却与我的猜测大相径庭。

她只是阿坝州小县城里出来的一个普通姑娘，十八岁考到四川大学中文系，大学毕业后进了一家公司做文员，一边工作，一边在闲暇时给各大杂志社投稿，没想到写着写着，就成了好几家杂志的专栏作家，于是从公司里辞了职，成了自由撰稿人。

我很羡慕地说她真是活成了所有女人梦想中的样子，结果她摆手说："你别打趣我，我老公是普通上班族，我虽然时间自由，可稿费也不过跟一般的白领持平罢了，这套房子还是按揭买的，哪里就比别人强了？"

她的那位女同事也开玩笑似地说："她呀，要说钱也没有多少，可就是有一种公主的气质，不管啥时候，总让人觉得她是沦落民间的皇家血脉！"

于是，那位女同事给我讲了鸢洁当年在公司时的光荣过往。

那时，她不过是个普普通通的大学毕业生和职场小菜鸟，家里父母虽然是公务员，但也只是小县城里的公职人员，给不了她太多助益。她住在每个月几百块钱的出租房里，每天做着加班加点的工作。

可就算是这样的生活，也能被鸢洁过得有声有色。每天她起床的第一件事就是放音乐，然后在音乐声中为自己亲手制作营养全面的早餐，吃过早餐后，再精神百倍地出门去上班。

在公司里，其他的同事都为了每天的工作忙得焦头烂额，可她

不管多忙，都要泡上一杯花茶，办公桌上永远干净整洁，所有的事情都处理得井井有条，就像一个天生的整理派。

那时，她租的房子是一个老式筒子楼里的小阁楼，房间里没有华丽的装修，甚至没有齐全的家具和电器，但是所有去过她家的人都发出了由衷的赞美，因为在那个三十平方米的小阁楼里，她用墙纸、纱帘和所有能想到的东西，把每一个角落都装饰的干净而清新，然后在露天的小阳台里，精心栽培了各式各样美丽的花朵，微风吹进屋，总夹杂着阵阵芳香。

那位曾是她同事的好友很开朗地跟我们聊了许多以前的事，最后还开玩笑说，鸢洁睡觉像一个复杂的仪式。

有一次她们出去唱 K，很晚才回来，所以她借宿在鸢洁的那个小阁楼里，她说鸢洁临睡前有几个习惯：第一，要先把第二天要穿的鞋子擦干净摆在门口，然后敷一片面膜，一边看书或者收拾房间，一边等面膜干掉，接着，会把所有的电子产品放得远远的，最后才熄灯睡觉。

鸢洁有些不好意思地笑笑，解释说："其实这些都没什么，个人习惯罢了。"

3

认识鸢洁，让我想起了《浮生六记》中的芸娘，虽然时代与脾气性情都大不相同，但是那份对于生活的态度和情趣却有很大的相似之处，因为她们都是那种无论生活境况如何，始终可以保持一颗善待生活、用心经营之心的优雅女人。

谁说生活贫困的人就必须衣衫褴褛。低声下气？谁说被命运折磨的人就只能是一副落魄无望的凄惨样子？谁说优雅的生活需要依靠很多的金钱来支持？

其实优雅与财富、境遇都没有关系，它是一种生活态度，一种生活情趣，不需要依靠外界和他人来给予。

只要你愿意保持乐观的精神态度，面对苦难也能从容微笑；只要你不愿意把生活过成一种将就，而是用心地去对待每一个今天；只要你相信自己是一个优雅的人，并愿意一点一点做出改变……

只要你愿意，你就会成为一个优雅的人。

出入高级会所，穿着打扮很讲究，这似乎是优雅的一种典范，但是不够富有的你却不必羡慕这些，因为虽然穿不起名牌，但只要用心把自己打扮得简洁得体，也同样可以优雅。

懂插花，懂茶道，一边品茶赏花，一边侃侃而谈，这似乎是优雅的一种典范，但是不够富有的你不必羡慕这些，因为在午后温和

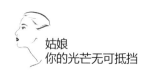

的日光下静静地泡一杯茶，在阳台的角落里悉心栽培一株兰花，也同样可以陶冶自己的性情。

所以，只要学会用优雅的姿态面对生活，就算我们一无所有，也一样是光彩照人的。

或许你会觉得，优雅不过是一种束缚，一种矫情。明明下楼买个早餐几分钟的事，素面朝天与衣着整齐能有多大区别，穿那么好看给谁看呢！做好的饭菜早晚都得吃到肚子里去，浪费时间去摆成一个好看的样子又有什么用呢！

殊不知，其实一个人的优雅与否，往往体现在这样的细节之中。而这些细节并不是浪费时间的无用功，相反，它们是一种象征，象征着你是不是有一种积极向上的人生态度，是不是愿意把每一个今天都活成最精彩最美好的样子。

4

如果你对自己实在没有自信，那不妨看看 77 岁高龄的模特卡门·戴尔·奥利菲斯。在大多数人的眼中，一位皱纹横生、步履蹒跚的老人是最没有优雅的资本的人。

可是，时间虽然夺走了她的容颜，却没有夺走她优雅高贵的气质，她用自己女王般的生活品位和 T 台上无可挑剔的表演，向我们证明，一个女人的优雅，可以一直保持直到生命的终结。

不仅如此，在时尚之都巴黎，或者优雅之都伦敦，有许许多多已经老去或尚未老去的女子们，都在用自己的一生诠释着优雅两个字。她们不够美丽，不够年轻，但气质独特，打扮时髦，从内而外散发着迷人的自信，从不因为贫穷而自卑，从不因为苍老而恐惧，她们沉静从容，美丽而耀眼。

所以，年轻的你，美丽的你，又有什么资格说自己配不上优雅二字？

女人，从现在开始，你要学会不去抱怨生活。虽然日复一日朝九晚五的生活很单调，但是生活的趣味要靠自己去寻找和创造。

每天的工作很忙碌，但在清晨，可以留给自己二十分钟的时间，做一份简单而健康的早餐，不要一边吃着油腻的垃圾食品一边挤地铁，让所有人看到你嘴角的食物残渣。

出门前，留出一分钟的时间好好欣赏一下镜子里的自己，练习抬头挺胸，练习微笑，不要一大早就抱怨工作，抱怨生活，愁眉苦脸；

工作中，面对上司或同事的刁难，面对种种难以处理的复杂问题，保持淡定从容、不卑不亢，再难的问题，只要冷静面对，也总有解决的办法，不要让那些看不起你的人看到你狼狈的样子；

周末的下午，坐在阳台上安静地读几页书，或者伴着夕阳在公园或者湖畔跑一会儿步，去听听夏日的蝉鸣，看看秋日的落叶，让生活在悠闲中回归平淡美好……

　　你看，生活中其实时时处处都存在着这些可以提升自我、提高生活品质的小细节，如果你抱着优雅的心态去生活，原本单调无味的生活中就会充满惊喜和乐趣。

　　优雅气质的培养，其实就藏在这些生活中的小细节里。

　　当你改变慵懒邋遢的习惯去让自己的生活环境变得整洁明亮，当你利用闲暇的时间安静地读完一本书，当你即使一个人独处的时候也愿意把自己打扮得光鲜漂亮，你会发现，它们不只改变了你的生活方式，提高了你的生活品质，同时也在感染着你，熏陶着你，让你的气质在不知不觉中变得优雅而自信。

　　所以，每一个爱自己的姑娘，都一定要记得，优雅并不是在金色的大厅里穿着水晶鞋跳舞的公主才拥有的特权，即使是一无所有的灰姑娘，只要不放弃梦想，也终会等到华丽变身的那一天。

　　因为优雅并不是谁的专属品，任何一个向往着它的女子，都可以拥有。

第10章 寻找个性

每个人都有专属风格

如果感觉不到风的存在，那么，翅膀对于我来说又有什么价值呢？

——《天使之城》

1

电影《天使之城》，每看一次都感动许久。

电影中天使是永生的，是无所不能的，但却也是没有任何存在感的。没有感觉，感觉不到任何真实事物的存在，那么，这样的永生还有意义吗？

小天使说："如果感觉不到风的存在，那么，翅膀对于我来说又有什么价值呢？"

水是凉的，这需要你自己喝过才知道，风是暖的，这需要你自己感受才知道。人生到底是何种滋味，这需要你自己去体会。如果不能有属于自己的个性人生，那么人生的价值在哪里呢？

不得不说，人生其实就是无数个选择堆叠起来的，关于生命，我们都一样来自母体，都一样终将归于尘土，但这中间的一段路途却因选择不同，变得各有各的精彩。

你有没有想过，自己的人生是如何一步一步走到现在这种境况的？

如果因为讨厌孤独，你选择了一位挚爱，两三好友，彼此相依相伴，有说有笑地携手向前，那么，你便成了一个偏爱热闹，不甘寂寞的人。

如果因为讨厌喧闹，偏爱一个人独处的美妙时光，你选择了一个人轻装前行，如海上的一叶孤帆，独自领略，独自成长，独自去看天地广阔，那么，你便成了一个不需依靠，踽踽独行的人。

如果因为向往都市的繁华，迷恋夜晚璀璨如昼的万家灯火，你选择了在大城市闯荡，在车水马龙中穿梭，在物欲洪流中起伏，那么，你便成了摩登干练的都市女性。

如果因为向往田园的悠然，迷恋稻田之上静谧广阔的夜空，你选择了在乡野山间停留，不在乎生活的贫瘠，与鸟语花香为伴，那么，你便成了遗世独立的清雅女子。

所以，你最终成了什么样的人，其实取决于你在选择的当下，做出了怎样的决定。而这些决定，没有对错之分，没有好坏之别，只要是从心所选，就是最好的选择。

因为，每个人都是一个独一无二的个体，你就是你，不是别人，所以人生也不需要与别人雷同。

就像每一棵树都有自己独特的姿态，虽然同样扎根于土地，同样将枝丫伸向天空，但却姿态迥异，各有各的美丽。

所以，有个性的女人们，不必刻意去模仿别人的生活方式，更不必担心随心所欲的后果，即使你的选择与其他人南辕北辙，也不

要强忍痛苦去修剪自己的枝丫，勉强自己去做一个合群的人。

你有没有发现，古今中外，那些真正强大、真正有所作为的人，他们其实都是敢于追求自我的人，他们敢在所有人的嘲笑声中坚持自己的见解，敢在其他人后退的时候独自迎难而上，敢在其他人沉默隐忍的时候大声发声。如果你没有这样的气魄，就只能流于平凡，消沉畏缩一辈子。

一千个人有一千种个性，就应该活出一千种全然不同的精彩。

就像化妆，你喜欢浓妆艳抹，就有性感妖娆的美丽；喜欢奇装异服，就有个性独特的美丽；喜欢淡妆素服，就有清雅出尘的美丽；喜欢甜美妆容，就有清纯可人的美丽……

没有人规定过哪一种妆容是美丽的，哪一种妆容是丑陋的，美与丑，其实全在于个人的喜好，或许有一些人不认同你，但也总有一些人会把你视为天仙。

2

我很有幸，认识许多敢于追求自我个性的女人。

这其中最典型的，应该就是荔枝了。

她原来是某地方的体制内工作人员，后来成了一名职业马术运动员，荔枝是她的外号，因为她喜欢吃荔枝，所以我们也戏称她"贵妃"。

与荔枝相识，是因为一次某体育赛事的年度大型活动，那时已经是马术运动员的她被邀请去做嘉宾，我做她的造型师。

说实话，当得知一个很有名气的马术运动员曾经是一名公务员的时候，我也几乎被惊掉了下巴，因为在常人的眼中，这两种职业之间其实是有着天差地别的。

而她的经历，听起来真的就像是励志剧中的女主角。

荔枝是"80 后"，毕业于某知名大学的法学专业，毕业后回到家乡，通过公务员考试成了一名公职人员。这份工作是多少人梦寐以求的，家里人都因为她的成绩而倍感骄傲。

起初，因为新鲜，她对工作还算热情满满，但是时间久了，激情被一点点消磨殆尽，剩下的，就只有每天的煎熬和内心辞职欲望的蠢蠢欲动。

因为一次机缘巧合，她与马术结了缘，结果一下就爱上了那种在马背上逆风奔跑的感觉。

渐渐地，骑马成了她工作之余最主要的兴趣爱好，又过了两年，已经对马术轻车熟路的她开始不满足于这种爱好，终于在一次鼓足勇气之后，为了马术辞去了原本稳定体面的公务员工作。

她的这个决定让家里炸开了锅，所有人都认为她精神出了问题，父亲更是大发雷霆，以断绝父女关系要挟她，可她就像着了魔一样，无论遇到多大的阻力，都没有动摇成为马术运动员的决心，终于还

是辞了职。

为了避免与家人无休止地争吵，她简单收拾了行李离开家乡，独自一人来北京闯荡。

马术是一项比较危险的行业，而她作为成年人的选手原本就比长期训练的专业选手缺少优势，更何况在运动行业中女性有先天的弱势，为了尽快成为一名合格的马术运动员，尽快让家人看到自己的成绩，她每天拼命地努力。

好在她运气很好，经人介绍，一开始就加入了一个很不错的马术俱乐部，教练的水平很高，队友们也都是经验丰富而且很热心的人，给了她很多的帮助，让她能够迅速进步。

刻苦训练了一年多，荔枝终于迎来了她人生中的第一次大型比赛。那是一场在马术爱好者中展开的业余马术竞技赛，她原本一路领先，却由于太急于证明自己，以至于在一个障碍处由于没能给马明确的指令，结果马突然狂躁起来，她被从奔驰着的马背上甩了出去。

那场事故让她在医院里足足躺了一个多月，所有人都以为，这个较弱的女孩将从此告别马术，毕竟那样的惊吓足以让人留下心理阴影。然而，三个月后，她又重新出现在了马场。

两年后，她第一次站上了马术比赛的领奖台，让所有人看到了她身穿马术服的飒爽英姿。

每次提起那次事故，我都替她觉得心有余悸，可她却很认真地说："我很庆幸找到了一份愿意为它去死的事业，它让我知道了我是谁。"

3

我认识的另一个很有个性的女孩，叫云落，她有着女神一样美丽的名字，长着一张漂亮的女演员脸蛋，却成了一个从不在镜头中露脸的特效演员。

在漂亮女孩都渴望成为明星的时代，云落却特立独行，17 岁时凭借着优秀的条件考入表演专业，却在接触影视行业的过程中，爱上了特效演员这一行业。

特效演员，顾名思义，就是在一些科幻、魔幻类电视剧电影作品中需要依靠特效化妆来演绎的那些长相怪异的各类角色。

这类角色总是需要表演者穿着奇装异服，化很浓的妆，甚至直接戴头套等特效道具，所以绝大多数时候都是不露脸的，因此做特效演员就意味着就算观众再喜欢你的作品，但也可能永远不知道你是谁。

云落的想法很多人都不理解，毕竟一个年轻漂亮的女孩子，又拥有了足以立足演艺圈的能力，却始终甘心做一个特效演员，总是以妖怪、老太太甚至是动物这样的造型出境，相信绝大多数人都是不愿意的。

其实云落不是没有出名的机会，自从开始入行，就不停有导演邀请她去拍摄偶像剧或者参加综艺节目，但都被她一一拒绝了。

她说她并不觉得做演员这一行需要多有名气才叫成功，她喜欢

诠释那些夸张的角色，每演一个新角色都是一个全新的挑战，她也牢记着当初对她有半师之谊的一位特效老前辈对她说的话。那位老师说，相比美国等国家，中国电影行业的特效还有很长的路要走，如果年轻一代的演员都避之唯恐不及的话，那么就很难发展起来。

而她，出于对特效行业的热爱，和对发展中国电影特效的坚持，一路不温不火地走到了现在。

不累是假的，赚的钱跟付出的劳动并不成正比，更是因为长期化特效妆而导致皮肤状态变差，而且为了诠释好那些跟人类动作行为相差很远的角色，她还必须付出许多的辛苦努力，这背后的辛酸，说多了都是泪。

但是她的快乐也是真的，她说她心情不好的时候就喜欢看自己的作品，每次看到自己的样子都忍不住捧腹大笑，只要电视机前的亿万观众看到这些作品也能开心一笑，她就觉得很幸福很快乐了。

初认识云落的时候，我也曾为她感到惋惜，因为她的那张脸真的就是为偶像剧女一号而生的，可是后来，我专门找到她演的那些作品去看，看过之后，我突然理解了她。

其实，我们选职业也好，过日子也好，从来都不是为了成为别人，也从来没有一个绝对的好与坏的评价标准，只要你喜欢，只要你觉得值得，只要适合你自己，就没有什么不可以。

谁说美女不能演特效，不能演喜剧，不能演反派？可总有那么些演员，长着一张美丽的脸，却带给了我们不一样的感受。

毕竟，一不犯法二不违背道德，在这基础上，我们每个人都拥有绝对的生存自由，千金也难买我乐意，不是吗？

4

女人，如果你不知道人生之路将通往何方，那么不妨停下来问问自己的内心，别人的经历，别人的建议，都不属于你，唯有出自真心，才能找到最好的答案。

其实我从事的，就是一份追求自我、追求个性的工作。我从不会给所有的人做同样的妆容，更不会把自己的喜好强加在别人身上，因为我很清楚，我们化完妆想达到的最好的状态，是成为那个最美丽的自己，而不是很像别人。

就算全世界都要求你做一个乖乖女，可如果你天性不爱红装爱武装，不受拘束，喜欢天马行空的生活，那么谁也不能强迫你知书达理、温文尔雅。做不成温柔如水，那就去做一把火焰，纵情燃烧自己，在天地间肆意奔跑，放声大笑，总会遇到一些人，他们不爱低眉顺目，就爱你的直率任性，热情如火。

就算所有人都把财富地位当作成功，可如果你天性疏阔，视金钱如粪土，那么谁也不能强迫你成为一个为了财富而奔命的人。做不成女强人，就去做一朵山野里开放的兰花，追求诗意人生，或采

117

菊东篱，或诗酒享乐，虽然可能无甚作为，却也总会遇到几个同路中人，一起笑对苍生。

只要你敢于做出选择，敢于坚持自我，就总能找到属于自己的专属风格。

只要你爱这样一个真实的自我，那么就算面前是满目疮痍，也会变成繁花似锦，就算是遍地荆棘，也会变成诗与远方。

而这就是你最想要的生活，是这世界上独此一份的荣耀。

千万不要害怕自己的个性会成为与人交往的绊脚石，因为如果对方不赞同你，不欣赏你，那不是你的错，也不是他的错，错只错在你还没有遇到那个对的人。

我的同行 S 就是一个很好的例子。同为化妆师，她跟我们有着几乎不交集的业务范围——她偏爱奇特的创意与夸张的色彩搭配，因此自成一派，虽然不符合主流审美，但总有一些审美与众不同的客户或者一些特殊的场合需要用到她的才华。

她这个人，本身也是与众不同的。她长得不怎么漂亮，个子小小的，还不到一米六，单眼皮，厚嘴唇。每次见她，都是夸张的烟熏色眼影，配上大胆的发色，再配上夸张的几何形图案饰品，衣服的穿着更是极尽创意，平日里我们不太敢尝试的颜色，在她那里都是家常便饭。

可她不但有稳定的客户群体，更靠着自己的独特个性，吸引了一位外国老公对她死心塌地。

她老公是一位法国摄影师，当年在一次时尚聚会中，他略过所有的主流美女，对与众不同的她一见钟情，他夸赞她身上有一种独有的美丽，让他迷恋其中无法自拔，这一点从他为她拍的无数张照片中就看得出来。

而说到底，我不但不反对 S，反而很庆幸同行中有她这样的与众不同之人存在，因为很多时候，我的一些大胆尝试与灵感创意，其实都是来自于她。

我也相信，这就是个性的重要性。

如果没有个性，我们就会像是商店橱窗里批量生产的廉价玩偶，长着一样的眉眼，带着同样的笑容，分不清谁是谁，多一个少一个也无所谓。

但是，拥有个性的女人却是与众不同的，她们是橱窗里被单独摆放的特殊玩偶，各有各的材质和姿态，虽然可能不会被所有人接受，但总会遇上一个对它爱不释手的人。

如果可以选择，你愿意成为哪一种？

5

的确，对于我们女人来说，最安全的选择就是随波逐流，与大众的审美趋同，与大众选择相同的道路，因为这样至少不会成为一

个异类。但是，如果你的内心真的渴望成为一个异类，那么即使你选择从众，也不会真正获得快乐。

因为在你的心底，将总有那么一个声音，反复地提醒着你是谁。

女人，其实人生并不是一种颜色可以概括的，你可以是白色的安稳，是黑色的冷酷，是红色的狂野，是绿色的清新，是灰色的冷漠，是紫色的浪漫。你可以选择最适合自己的颜色，为自己的生命之路涂抹独一无二的色彩。

如果你喜欢漂泊，就去做大海上的一叶孤舟，看千帆过尽，看彩霞夕阳，然后在疲惫时找一个停泊的港湾，等天亮时再继续上路。

如果你喜欢安稳，就像树木一样在原地扎根，任日升月落，任世事变迁，只在脚下的这一方土地之中，成全自己一世的风平浪静。

你可以用激情点燃梦想，让生命火光四射，也可以放任脚步游走，在雨后的空巷里无所事事。

你想成为云，就把方向都交给风，自在漂泊；你想成为鹰，就练就 ·双健硕的翅膀，自己把握前进的方向。

只要你不被繁华遮住双眼，不被嘈杂扰乱心神，就总能听见自己内心的声音，去发现专属于自己的风格，成为你最想成为的那个人。

第11章 去旅行

只要心自由，哪里都是远方

人间若有天堂，大马士革必在其中，天堂若在天空，大马士革必与之齐名。

——阿拉伯谚语

1

我的好朋友薇是北京一个小有名气的旅拍摄影师，此时正坐在桌子对面，手里捧着一杯已经喝掉了一半的咖啡。

我俩此刻身在北京锣鼓巷的一家咖啡店，而从她嘴里说出来的是 9715 公里之外的世界。

三天前，薇刚刚完成一次去摩洛哥的旅拍，此刻的她，还没有洗去身上的倦尘，就等不及兴奋地向我分享远方的故事。

"惠，你知道吗？咖啡其实最早是阿拉伯人的饮料，咖啡豆是长在沙漠里的，当欧洲人第一次喝这种苦了吧唧的水时，他们就管它叫'阿拉伯酒'。"

"我以前以为只有印度才有 Mehndi（曼迪，一种绘在手臂上的暂时文身），没想到摩洛哥也有，而且超级便宜，我纹的这个才几十美元。"

"拉巴特（摩纳哥首都）有一个旧城，那里的风景真的超美，城墙都是红色的，黄昏的时候，夕阳斜着照过来，我用相机能捕捉到泛着红的柔和的光线，我拍的那对情侣摆出一个天鹅湖一样的姿势，浪漫得不行，特别出片。"

"摩洛哥人都说阿拉伯语，我是什么都听不懂啊！但好像很多人都会说法语，不过对我来说都一样，法语我除了会说 salut（你好）和 merci（谢谢）之外什么都不会。"

......

薇去过全世界几十个国家，积累下了 10 多万张照片，自从认识她之后，欣赏她旅拍的照片，听她讲来自远方的故事，便成了我生活中的一种享受。

我就这样静静地看着薇，听她讲发生在摩洛哥这个北非小国的故事，从她的故事里，我仿佛发现了不一样的世界，并期待着有一天我也能够走进故事里。

作为一个土生土长的北京姑娘，薇从大学毕业之后利用业余时间做起了旅拍，几年之后更是干脆辞掉工作专职做旅拍，一开始只是在北京周边给人家拍一些小作品，后来越来越出名，现在，薇已经去过世界三十多个国家了。

对于薇来说，她的每一次旅拍都像是一次旅行，除了按下快门收入囊中的景色和人物，她还要专门留出时间走进当地人的生活，看一看不同的世界是怎么样运转的。

在安排行程的时候，她会尽量让时间充裕一些，除了必须去的拍摄圣地，她总要排进几处自己以前没有去过的地方。而当拍摄结

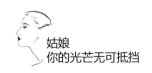
束之后，她会只身走入当地人的生活当中，尝一尝他们的一日三餐，学一学他们的生活习惯，看一看他们的日常生活，听一听他们的故事。这些能够让薇获得一个不一样的人生感受，这个感受比新闻里来得真实，比书本里来得生动。

因为喜欢玩，这些年的旅拍生涯并没有让薇攒到多少钱，但她不在乎这些，她在乎的是旅行中的风景，她喜欢带着相机去远方寻找诗一样的世界。

薇的生活或许不可复制，她本身是一个北京人，这就让她比大多数北漂上班族有一个更高的起点。而且，她已经是一个成功的旅拍者，可以把旅行当作自己谋生的手段，用赚的钱就把全世界给走遍了。

薇从来不用自己掏钱买机票、订酒店，但大部分时候，她要负责为旅拍的顾客安排行程，尽量发现所去的国家最有魅力的一面，用相机快门为顾客留存下最值得回味的记忆，当然，薇也会留下自己的回忆。像薇这种在旅行当中的自我，不是简简单单的金钱所能够取代的。

当然，你可能觉得，薇这种旅行有一点"心向往之"而"身不能至"，那么，我再来说说我认识的另一个女孩。

2

雯是我很早之前认识的一个女孩，一个瘦瘦小小的苏南姑娘，皮肤黝黑，模样绝对算不上出众。

刚认识雯的时候，她是一家培训机构的小白领，从表面上看起来和一般的北漂没有什么区别，但慢慢的我发现，雯有一颗无比渴望远方的内心。

24 岁之前雯就到过中国一半的省份，她的交通工具是单车。雯其实并不热爱骑行，但那时候她有一个东北的男朋友，高大、帅气、阳光，雯骑行那么多地方，完全是因为对男朋友的爱。

两个人四个轮子走过无数的路，无一例外的都是男朋友喜欢的地方，男朋友说去哪儿，雯就跟着去哪儿。雯满脑子都是男朋友，觉得跟男朋友在一起就是幸福，至于去了多少远方，看了多少风景，脑容量太小的雯已经记不得了。

之后，两个人牵手到了北京，再之后，男朋友牵起了另一个女孩的手。失恋后的雯曾经不知所措，看着面前的单车，回忆里满是和男朋友路上的画面，此时她才发现，自己走了那么多路，居然什么风景也没留下。

出于和自己赌气的原因，雯随后就一个人上路了。雯的路程并不远，从北京到北戴河，一来一回不过五天，但在这五天里，雯发

现原来路上的风景是这么美妙，之前有人遮住了自己的眼睛，代替她来感受世界，现在，雯终于学会用自己的眼睛看世界了。

这以后，走过了上万里路的雯第一次爱上了旅行。雯开始试着自己制订计划，自己安排行程，自己一个人上路。之后的一年时间，雯走遍了北京周边的很多地方，还把山西、河北和河南走了个遍，在旅行过程中，她还认识了很多朋友。

一年之后，有朋友提议去南方走一走，本来就是南方人的雯自然要参加。一行人先是到了四川和贵州，之后又到了广西，这时有人提议到越南转一转，雯背包里刚好装着自己那本干干净净的护照，在广西办了签证。于是，又随大部队"流窜"到了越南。

雯学历不高，上学时学的几句英语差不多全忘光了，而且即便记得也没有用，越南之前是法国殖民地，懂英语的人本来就不多。身在异乡，话语不通，又是第一次出国，雯紧张得不行，不敢离开朋友一步。

但有意思的是，第二天醒来，当异国的第一缕阳光照在雯的脸上，她却突然没有那么紧张了。

雯试着和身边的越南人打招呼，像朋友一样和商贩砍价，走着走着便停下来欣赏自己喜欢的东西，而不是紧随朋友的脚步，雯觉得这一切真是太有趣了。她遇见一个卖杧果的小贩，便停下来和人家攀谈，一个小时之后，心急火燎的朋友找到雯时，她正和小贩笑得面红耳赤。

126

几天之后，当朋友们要准备回国时，雯执意要一个人留下来，朋友们怎么劝也没有办法，只好留下一个人陪雯在越南又待了一个星期，直到雯的钱包告罄，她才意犹未尽地回到了北京。

从这以后，雯有了更远大的目标——到世界各地去看一看。

雯并不是一个有钱人，所以她给自己制定的人生计划是，一年中用半年时间来打工赚钱，用半年时间去旅游。雯当时住在北京回龙观北面的城中村，一年到头难得买几件衣服，她所攒下来的钱，几乎全部用在了四处旅行上面。

雯之后又先后到过柬埔寨、老挝、泰国、马来西亚、印尼、菲律宾、日本、孟加拉、印度、澳大利亚和新西兰。

雯曾经租一辆摩托穿行柬埔寨，在泥泞的道路上飞驰，最后把自己摔到了泥塘里，好不容易爬起来的她满身泥巴，面对着手机摄像头却露出了灿烂的笑容。

雯曾经在老挝南部一个乡村病倒，躺在床上休息了三天，多亏一个老挝大婶照顾，为了表示感谢，雯在离开时给了大婶几十万基普（老挝货币，100 元人民币相当于 20 万基普），这笔钱对于雯和大婶来说都算是巨款了。

雯曾经在曼谷街头摆摊赚路费，售卖她从东南亚其他国家搜罗的纪念品，还因此被泰国的城管驱赶。用雯自己的话说，泰国城管哥哥对她这个异国人还是十分客气的。

这些旅行中耗钱最多的就是澳大利亚，雯是积攒了很久才攒够

到澳洲的机票，到了当地之后，雯身上的钱所剩无几，只好和朋友一起到澳洲的种植园里面去打黑工。其实，即便雯的钱包里有钱，她也一定会去做这种事的，因为在她看来，旅行的目的就是体验各种生活，并从中获得人生的乐趣。

雯对悉尼歌剧院没兴趣，日本的天妇罗、银座也注定与她无缘，她对自己的定位很清楚，她不是有钱人，她的旅行不是奢侈的消费，而是一种在路上的自由，一种对远方的渴望，而这些是不需要多少钱的。

旅游并不是一定要有钱，像雯这样的人，依靠工作的努力和平时的节俭，也一样可以在全世界行走。

没钱有没钱的旅游方法，没钱坐飞机，你可以坐火车，没钱住好的酒店，你可以找一些青年旅馆，没钱去名胜景观，漫无目的地闲逛也一样能够发现远方的美好。

雯虽然没有薇那样的舒适，但我觉得雯多了一份自在，薇和雯是两种不同的旅游生活，但相同的是，她们都是心向远方的女孩。其实，只要心是自由的，无论有没有钱，无论到了哪里，都是人生的远方。

3

中国古人安土重迁，把旅行看作一件辛苦差事，所以古代热衷于旅行的人并不多。因此，偶尔出现的旅行者，往往都能够在历史上留下美名。最远有张骞、李白、玄奘，后来有汪大渊、郑和、徐霞客。这些旅行者有的是背负使命，有的则是心向远方。

到了现代，因为交通工具的发达，旅行从苦差事变成了乐事，变成了享受，更是逐渐成为人们的一种生活方式。在旅行中，发现远方的风景，渐渐成了人生中最美好的一面。

旅行的乐趣，在于对远方的渴望，以及对未知的兴奋。在旅行过程中，你可能会时常需要求助于他人。可能是一起旅行的同伴，可能是街边一脸慵懒的小贩，可能是匆匆走过的路人，可能是路边面馆里一位微笑着的老婆婆。

事先再精细的准备也无法避免旅行中这样那样的疑惑，难得这么多向陌生人"求援"的机会，你会从全新的角度发现生命的美好，也会更加珍惜在你生命中出现的人。

旅途中也会突然出现一些"小意外"。不论是延误的班机、泥泞的道路还是漏雨的帐篷，在突发情况下紧急处理问题的过程锻炼了你的心智，经常旅游的人，往往比别人有更好的情绪操控能力和应变能力。

　　经常旅行的人一定在不少时候跟陌生人聊过天。当你与和你背景迥异的人产生连接，你会从他们那里听到许多新奇有趣的观点，从不同的角度对这个世界产生全新的了解。你们会在交换意见时碰撞出思想的火花，互相学习又互相改变，这也能让你的思维变得更加活跃，遇事能从更多不同的角度进行思考。

　　你可能曾经是个对生活挑剔的人，嫌弃家常饭的朴素又抱怨餐馆的油腻，多么绵软的被褥也达不到你的"高标准严要求"。然而当你走出户外，你可能要忍受凹凸不平的路面和似火的骄阳，可能一路找不到什么像样的东西下肚，潮湿的小旅馆可能衣服也晾不干，在火车站、飞机场过夜的经历也可能不是一次两次了。旅行让你对物质生活更加宽容，一个对环境包容度大的人，到哪里都能很快适应。

　　当你走过许许多多的路，见过形形色色的人，你将对他人减少很多抱怨和不解。你接触到的每个人都在不同的维度空间里努力生活着，所谓"家家有本难念的经"。每个人所经历的事情是如此迥异，你会逐渐发现，以前你无法理解的人或事，都在它们的环境下有其存在的道理。

　　你不必再去搜索励志的小说、影片等等来为自己"打鸡血"，最上乘的"心灵鸡汤"都在生活中。如果不是亲眼所见，你也许很难想象世界上真有那么一群人，独立坚强、乐观努力。也许你会在入夜昏暗的路灯下看到坚守"阵地"的小贩，也许你在晨曦的第一缕微光中看到一群骑行的队伍。平时我们只看到"朝九晚五"的车

130

水马龙，却未曾留意，不只是那位举世瞩目的篮球运动员见过凌晨四点多的太阳。

　　有人说，旅行中每到一座城市，都不可错过那里的博物馆和菜市场。博物馆，承载着一个城市的"前世"。一个城市的历史印迹，曾经的辉煌与遗憾，都在博物馆中默默诉说着故事。菜市场，是这座城市的"今生"。不看高楼大厦、灯红酒绿，有人烟的地方才是真实的生活。货架上的新鲜蔬菜肉蛋，人们的精神面貌，熙熙攘攘的问询和还价声，才是当下的城市里活在今天的人们。

　　旅行最终带给你的，不是秀丽山川，不是雕梁画栋，不是灯红酒绿，而是"世界在眼前豁然开朗"的眼光。也许你曾对生活感到无所适从，也许你在家人的期许和领导的要求下慢慢失去了自我。旅行让你暂时逃离水泥围墙，观天地辽阔，在看过繁华之后，重新与自己相逢。

第12章 去学习

学习是状态，也是人生的态度

哪堪得枕上诗书闲处好，门前风景雨来佳，独坐饮春茶。

——李清照

1

曼曼要是流氓起来，含羞草都能被她摸死。但在她那副"妞，给大爷乐一个"的外表下，隐藏的却是一颗学霸的心。

前几天曼曼过生日，我们这些平时忙着各自的工作生活，大半年没有聚在一起过的几个好闺密，终于在她家凑齐了，热热闹闹地闹腾了一天一夜。

说起来惭愧，我们这些自认为走在时尚前沿的新时代女性，个个在外面都算是上得了厅堂的，可是能下得厨房的却一个也没有，所以这些年每到聚会，不是在饭店包个单间，围着个圆桌喝酒聊天，就是点一大堆外卖到家里吃现成的图个自在随意。

可是这一次，曼曼神神秘秘地把我们叫到她家，在我们七嘴八舌商量着点什么外卖吃的时候也只是笑而不语。临近中午，她让我们先聊着，嘱咐我们谁也不许进厨房，然后神神秘秘地把自己关进厨房里，整整快两个小时没有出来。

中午十二点半，曼曼围着围裙从厨房里走出来，脸上有难以掩饰的得意。我们围坐在餐桌前，眼看着她从厨房里端出了八菜一汤，一个个差点惊得把下巴贴到桌面上。

谁能想到，半年不见，从前那个煮泡面都能把锅烧煳的四川女娃，竟然习得了一手好厨艺，能亲手做一桌宴席了！

塔塔一脸严肃地站起身，从厨房到大门口低着头转了一圈，然后回到餐厅叉着腰问："说吧，你把外卖盒藏哪儿了！"

曼曼白了她一眼，"我就不能做一回贤妻良母了？赶紧坐下吃，一会儿凉了。"

我们纷纷拿起筷子，试探地伸向各自面前最近的那盘菜，曼曼却突然比了一个暂停的手势，故弄玄虚地说："我话说在前面，我学做饭只管好看不好看，味道怎么样就不敢保证，你们可别抱太大希望。"

没错，那桌子菜看上去确实挺像那么回事的，至少从"色"字上面是过关的，"香"嘛，闻上去也还不错，至少没有生的糊的，最后有待考察的只剩下一个"味"了。几个胆大的先下筷尝了一口，没想眼中竟然流露出惊喜，于是我也跟着尝了一口面前的糖醋鱼。

不得不承认，虽然比不上饭店里的大厨，但是味道上至少达到了一般小饭馆的水平了。

一桌子菜，在夸赞与惊奇声中，很快杯盘狼藉了。曼曼 28 岁的生日，到最后收获惊喜的反而是我们。

用大家的话说，曼曼性格就像个女流氓，配上她的长相，当个男人绝对把女孩儿迷死。曼曼的想法很多，也总是闲不住。记得我

刚认识她的时候是五年前，她是塔塔的同乡，中等身高，性格很男性化，第一次见面就用四川妹子火辣辣的热情跟我们打成了一片。

那时候，她还是旅游公司里的一个小文案，每月拿着三千块的工资，租不起一整间房子，又不想跟陌生人合租，就死乞白赖地挤在塔塔家里，拿省下来的房租钱请塔塔吃饭。

当然了，塔塔嘴上说不乐意，却也并不反感，毕竟那时大家都是单身一个，回到家里总觉得冷冷清清的，曼曼天性开朗，是个开心果，何况又能帮她分担家务。

两人在一起合住了一年多，后来塔塔跳槽到了外企，收入水涨船高，而曼曼也成了公司里底薪最高的文案策划。

当时曼曼所在的旅行公司并不是那种靠拉人购物从中盈利的低端旅行社，而是专门承接外企团队出游与年会的高端定制型旅行文化公司，公司里光是负责撰写文案与宣传策划的文职人员就有十几个，而曼曼之所以入职没两年就能成为其中底薪最高的一个，这说来也有一段故事。

那时微博正热，微信公众平台也刚刚兴起，虽然在年轻人中已经广泛使用，但是大多数公司还只是依靠电视、报刊等主流媒体进行宣传，而曼曼眼疾手快，在公众平台刚刚兴起之时就开始用心钻研，没多久就自学成才，成了新媒体运营的高手。

她向公司提议利用新媒体作为公司的宣传手段与维系客户的平台之一，很快得到领导的认可，于是，她很快身兼两职，不仅是出色的文案策划，更成了公司新媒体运营的主要负责人。

再后来，新媒体运营人才开始满大街都是，毕竟对于"80后""90后"来说，对这些新兴事物往往上手很快，而新毕业的学生，要求的工资成本比曼曼这种"老人"要低得多。

可这时的曼曼却早就将注意力转移到了一块更稀缺的土地上——她明白新媒体运营得再好，也不过只是后台人员，而众所周知，后台人员的发展空间与工资上涨幅度都是有限的，可是他们团队里的客户经理与旅行体验师却凭着超高的提成轻松年薪数十万。

因为与外企频繁接触，他们公司对客户经理的外语要求很高，英语必须达到听说读写流利的水平，所以个个都能用英语轻松与外国客户谈人生谈理想。但是，曼曼却注意到，当遇到那些并不会说英语的日韩企业的出行需求时，公司往往不是推掉就是外聘临时翻译。

于是她利用休息时间，自掏腰包学习了日语和韩语，一年之后，她成了公司里唯一的一个日韩双语通。

然后，她开始利用工作的闲暇时间尝试开拓日韩企业客户，为公司拉来了好几个团队出游与年会的大单子。

新媒体运营编辑好找，可是能独当一面的负责日韩企业的客户经理公司里却一个也没有，于是，曼曼就这样从后台转到前台，成了独占一片资源领域的客户经理。

认识曼曼五年，看着她从一个普通的小文案一步一步走到现在，

我很清楚，曼曼最大的竞争力就是有一颗不断上进、愿意学习的心。

她在生活中也是这样，兴趣爱好广泛，总是给自己安排很多的事情去做，学过摄影，学过跆拳道，到如今，就连当初最恐惧的厨房也轻松拿下了。

她总是用不断地进步，给身边的人带来许多新鲜感与危机感，因为每次看到曼曼的进步，我也有唯恐被落下的惊慌，回家然后会思考如何让自己变得更好。

2

女人，你要记住，工作不是能靠点头赔笑、拿钱送礼留下的，爱情不是能靠逆来顺受、死缠烂打留下的，美丽不是能靠拖住时间、吃长生不老药留下的。

留住它们的唯一方式，就是让自己变得更加优秀，更有竞争力。

工作中的你，是否一边含混度日、得过且过，一边眼看着更有能力的人一批批进入公司，担心着自己会被别人取而代之而惶惶不可终日？

恋爱中的你，是否一边邋遢懒散、身材发福，一边眼看着更年轻更漂亮的女孩在爱人面前晃来晃去，担心着自己会被厌烦，会被一脚踢开而焦虑不安？

不再年轻的你，是否一边自暴自弃、怨天尤人，一边看着如花面容渐渐离自己而去，担心着不久的将来自己就会成为一个一无所有的老女人？

如果你有这些担忧，不是因为命运待你不公，不是因为他人待你不厚，而是因为你自己首先放弃了自己。

你有没有想过，为什么当你为了一个薪水不高、要求不高的工作岗位心慌度日的时候，跟你一样学历的人已经拿着百万年薪站在了事业的最高点？

你有没有想过，为什么当你为了抓住一个男人的心不得不委屈自己讨好忍让的时候，跟你一样不算漂亮的女子却被许多优秀的男人视若珍宝，集万千宠爱于一身？

你有没有想过，为什么当你因为年华的流逝而郁郁不安，一天天数着脸上新生皱纹的时候，比你还年长的女人们却精致优雅一如往昔，用出众的气质让人们忽略了她脸上的皱纹，只记得她足以抗衡住苍老的那份永恒魅力？

那是因为你把生活中所有的运气交给了别人，交给了时间，却唯独忽略了自己。

你忘了，其实能主宰你命运、能改写未来的人，就是你自己。

当你的能力足以打败所有竞争者，当你的职业技能接近满分，你就绝不会因为保不住饭碗而发愁，只会觉得这份工作其实还配不上自己。

当你的优秀足以让同性嫉妒，让异性驻足，你就绝不会因为害怕爱人的离开而发愁，因为你有自信的资本，不自信的人应该是他。

当你的魅力足以超脱年龄的限制，能够用独特的气质填补容颜的缺陷，你就绝不会因为害怕苍老而发愁，因为容貌的美丽只是暂时的，但气质的美丽却可以长久。

所以，一个女人的苍老、可悲，其实是从停止学习、停止进步开始的。

3

聪明的女人，永远不会停止学习的脚步，无论是职业技能、读书识字、厨艺插花，只要你肯付出时间和心思，就总比停留在原地要强。哪怕是一点点的进步，也值得骄傲。

因为人最好的状态，不是强过世界上所有的人，而是每一天的自己都比前一天优秀那么一点点。

而当你把学习与进步当成人生的一种常态时，你就会发现，无论在任何时候，任何境况之下，你的生活都是充实而多彩的。

前年春天，我的事业曾一度陷入低谷，心情也跟着低落起来，觉得整个人生都变得灰暗了。

为了调整心情，我决定开始一段旅行，于是独自一人，关掉手机，踏上飞往东南亚的飞机。

与我同行的短暂伴侣，是一位名叫 Greta 的外国老太太，她就坐在我身边，是从中国旅行结束准备前往东南亚继续旅行的。

一开始，我没敢跟她说话，一来是我的英语不太好，二来也怕盲目搭讪显得唐突。我忍不住偷偷打量她，大概六七十岁的年纪，画着淡妆，穿一身驼色薄款长风衣，戴着一顶浅灰色的精致小礼帽，是典型的早春打扮，看起来时尚又端庄。

我心里不由得敬佩，这种年纪还这种装扮的女性，说实话在中国是很不常见的，如果自己到了这个年纪也能活成这样，那也就没什么好遗憾的了。

原本一路无话，我脑袋放空地看着窗外，她随手翻看飞机上的旅行杂志。

快中午的时候，她突然用中文说了一句"你好，打扰了"。

我回过头，她把杂志放得离我近了一些，很有礼貌地用带些口音的中文问："请问这个字怎么读？"

真没想到一个六七十岁的美国老太太，竟然能说一口流利的中文，我有些吃惊，告诉她那个字的读音和含义。

之后，我们开始用中文聊起天来，她的发音不甚准确，但是可以听得懂，她说她是来中国旅游的，已经在中国停留了三个多月，走遍了十几个省市，还冒着高寒缺氧的风险去了拉萨。

我夸她中文说得很好，问她什么时候学的中文，她笑着跟我解释，

"我是前年自学的，说得不好，但是听力很好。"

她年轻时是一名医生，一直忙着工作，有三个孩子，现在都长大成人离开了家乡，她爱人很多年前就去世了，所以孩子长大后她就一个人独自生活。

我听得有些不忍，这算得上是我们常说的空巢老人了。于是我忍不住问："那你没想过搬去跟子女生活，或者请一个保姆来照顾自己吗？"

她却一脸吃惊，好像我提了一个很不切实际的问题："我自己生活多轻松自在，为什么要去给自己找麻烦？我好不容易把孩子们养大，他们可以独立生活，剩下的时间都是我自己的，当然要为自己活着。"

她说她其实有许多的兴趣爱好，只是因为以前做单身妈妈，又要工作又要照顾孩子，所以一直没时间，现在她的这些愿望都可以实现了。她现在每天有一节钢琴课，每周有两节茶道课，还有三节瑜伽课，她还给我看她手机里的照片，那里有她学习潜水、骑马，还有她去世界各地旅行的照片。她说，她最近来中国，还迷上了书法，等回去要找机会好好学学，一定要写一幅属于自己的书法作品挂在客厅的墙上，像中国的很多老人那样。

我听得入迷，这简直跟我所想象的空巢老人每天坐在门口盼着儿孙回家的场景有着天差地别，看来我的想法还是太中国化了。

可以说，是 Greta 给我上了很好的一课，原来人生就算当入垂暮之年，也依然可以每天进步，不停止自己的步伐，然后在那种充实与提升自我的满足感里延续年轻的状态，让整个人精神焕发。

4

问渠那得清如许，为有源头活水来。

我们的生命或许就像一汪浅水，如果自我封闭，那么结局只能是在时间的吞噬中一点点干涸下去，如一潭死水，了无生机。只有不断地让新鲜的活水流进来，才能常保清澈，宛如新生。

女人，或许你很美丽，二十岁时你可以靠外表取胜，但是等三十岁、四十岁的时候，你又拿什么去跟更年轻的女孩们竞争？这世界上永远不缺少年轻靓丽的美少女，缺的却是能凭借内涵一生出众的精品女人。

女人，如果你还不够美丽，那就更应该重视学习的意义，因为外表不过是给人的第一印象加分，但如果你腹有诗书，自然会让别人为你的芳华气质而赞叹。

或许在眼下的这一刻，那些满腹才华的人与我们这些平庸之辈做着同样的工作，拿着一样微薄的薪水，一样生活在温饱线上挣扎，因此你觉得，其实有没有才华也就那么回事，自古落魄皆书生！

但是，即便生活境况相同，有才华有内涵的人与平庸之人也终

究是不同的，因为一旦机会降临，他将凭借着自己的技艺与才华瞬间平步青云，换句话说，他们的窘迫是暂时的，但假若你不具备这一切，那么就算上天给你一百次一千次机会，你也只能是白白错过。

聪明的你，要学会在能积累的时候为自己不停积蓄力量，然后在机会降临时完成华美逆袭。

在繁杂的社会中，在忙碌的生活里，我们总需要有那么一段时间，是可以暂时放下手中操劳的琐事，去一个人安安静静地拿起一本书。

这本书的内容，是文学也好，是时尚也罢，是专业技能也好，是休闲小文也罢。只要你认真地去翻开一本书，就总会有意想不到的收获。那些生活中见不到的人，经历不到的事，都可以在书中完成邂逅，那些现实中不敢去想，不敢去做的事，都可以在书中完成遐想。

世界很大，我们生活的范围却很小，世界很精彩，我们的人生经历却很有限，既然不能去行万里路，那么至少要读过万卷书，才能算是没有白活这一遭。

所以，女人，无论生活再怎样忙碌，千万不要丢弃阅读的习惯，书籍其实是女人容颜最好的保养品。

愿你在每一次机遇降临时都有能力去把握，愿你在每一个明天都能邂逅一个更优秀的自己，愿你即便皱纹横生也能靠满腹才华取胜。

愿你这一生，能够活出自己最精彩的样子。

第13章 快乐生活

笑起来并不难，快乐是一种选择

　　所有的大人都曾经是小孩，虽然，只有少数人记得。

　　　　　　　　　　　　　　　　——《小王子》

1

　　岁月不饶人，然而，天性快乐的女人，却也从没有饶过岁月！女人，只要你想快乐，悲伤的岁月也蕴含着快乐。

　　或许是在这个功利的社会中待久了，总是难免会为一些是非得失而耿耿于怀。就像前段时间的阿萌。

　　那天是个星期三，我刚出差回来，好不容易能休息一天，结果一大早六点多就被一阵敲门声惊醒。

　　我睡眼惺忪地打开门，就看见阿萌披头散发地站在我面前，原本水汪汪的两个大眼睛已经肿成了核桃。

　　还没等我问，她就已经大声抱怨起来："凭什么啊？！我为了这个角色已经准备了这么长时间了，这三个月为了减肥我连口芝士蛋糕都没敢吃！为什么这种被人顶掉角色的倒霉事总是发生在我身上啊！"

　　看来又是讲好的角色被临时换了人，我给她倒了杯水，让她坐下慢慢说，她却坐不住，在客厅的地毯上走来走去，眼泪跟着噼里啪啦地掉了下来。

这年头，所有人都羡慕明星的光鲜亮丽、名利双收，但像我们这些经常与明星打交道的人才知道，其实一行有一行的难处，你享受了多少，就要付出多少汗水和努力，没有谁是轻轻松松就能过成别人羡慕的样子的。

而且就算你付出了努力和汗水，也不见得就真的能顺顺当当地成功，其实像阿萌这种在娱乐圈打拼了多年依然看不到出头之日的人是大多数，因为你就算条件够好，足够努力，但运气好不好，不是自己能决定的。

阿萌是一个没什么名气的 N 线小演员，每天在各个剧组之间跑角色，总是演一些几天、十几天就收工的女配角。

我在一个剧组给一位女主做跟妆的时候，第一次认识了阿萌。阿萌刚好在那个组里演一个女三，她提前到了就开始自己化妆。阿萌便经常拿着服装来问我妆容搭配的问题，一来二去，我们就成了好朋友。

其实阿萌是一个很好相处的人，对朋友热情大方，到各地跑组的时候总是不忘给我们带特产，但她有一个毛病，就是气性太大，遇到事情就火冒三丈，算是我的朋友里脾气最暴躁的。

戏份被剪，临时换人，这些情况其实在演艺圈是很常见的，许多人早就见怪不怪了，可阿萌在演艺圈混了多年，到现在依然为这种事情气得又哭又闹。她在外人面前学会了忍，不再去跟导演、制片闹，但心里的情绪又没地方发泄，就只能在朋友堆里找人倾诉。

其实有时候，我挺心疼阿萌的，不是因为她没有名气，赚钱不多，而是因为她的生活太不快乐，选择了一个艰难的行业，明知道要四处碰壁，却又不能坦然接受这一切，生活又如何能快乐起来呢？

2

这个世界是丰富多彩的，人的个性也是各不相同的，有这样的极端，自然也有另一种极端。

冰就是我认识的另一个极端。

前两年我一时兴起想学画画，可自己自学总是不得要领，于是一个朋友便把冰介绍给我认识。

冰跟我同年，作为"80""90"夹缝中出生的一代，她跟我一样，在梦想的追求上有着这一代人普遍的大胆与执着。

她说她七岁的时候她爸曾带她去看过一次画展，从那以后她就立志要当一名画家，到现在，快二十年了，心志未改。

她跟我这样说的时候，我其实不太敢答话，因为我不能想象，一个人用到目前为止几乎全部的生命去坚持做一件事情，但是结果却不能让人满意是一种什么样的悲凉体验，我怕我哪句话说错了，就会触痛她的神经。

没错，如果从功利的成功学角度去分析，冰确实算不上一个成功的画家，至少到目前为止算不上。她的画作无数，但是几乎没有卖得上价钱的，办过两次画展，也都是反响平平，评价一般，转眼被人忘却。

或许做什么事情都是需要天赋的，而冰在美术方面算是那种没有天赋的人吧。

但是，如果让我去评价，我觉得冰不但配得上画家这个称号，而且是当之无愧的。因为一个人用了她最宝贵的全部青春时光，去认真努力地做一件事情，即便没有结果依然愿意继续向前，这份毅力与勇气才是最可贵的。

但最让我敬佩的，不是她的努力，而是她身上的那一份坦然与乐观。

一个人在成功的时候抬头挺胸，在顺境里开怀大笑，这些都不算什么，难的是，在一次次遭受失败与打击，明知道成功无望的时候，还能发自内心地微笑，并且对未来充满希望。

我永远都忘不了去年的那天，上午十一点多，一个朋友打来电话，说她现在脱不开身，希望我能去陪陪冰。

那天是某艺术大赛颁奖的日子，冰是参赛选手之一。

那并不是什么受人瞩目的比赛，算是那种有名气的画家看都懒得看一眼的小型比赛，参赛的艺术家要么是冰这种郁郁不得志的，要么是一些年纪尚幼的艺术学生出来练手的。

可就算是这样的比赛，结果依然让冰失望了，她的两幅参赛作

品其中一幅初选时就被淘汰了，另外一幅也止步在了决赛边缘。颁奖典礼的现场，她眼看着那些比自己年轻稚嫩的面孔上台领奖，可自己的名字却只是在感谢栏里出现过一次。

我知道，那个朋友是怕对冰打击太大，所以拜托我过去开导开导她。

在去冰家的路上，我心里一直在揣摩着台词，想着怎么安慰她才合适。

然而我的担心都是多余的，那天冰的情绪并没有一点的异常和波动，我到她家的时候，她已经点好了外卖，是我最喜欢吃的那家炸鸡和比萨。

她心态这么好，我反而觉得有些不能接受，正常人受了打击多少都应该有点情绪起伏吧，难道她就不闹心？

"你……一点也不难过？"我试探着问。

"当然难过啊，又难过又失望，但我能做的都做了，还能咋办？难不成大哭一场一蹶不振？"她啃着炸鸡若无其事地说，好像在谈论别人的事情。

"那你有没有想过你可能不适合从事这一行呢？"

"没想过。"她反问我，"假如你化妆师当得不好，不像现在这么成功，你会转行吗？"

"我哪儿成功了？不就是混口饭吃。"我顿了顿，又很肯定地说，"不过就算吃不饱饭，我也不会转行的。"

"就是这个道理呀！谁说只有拿了奖，赚很多钱才有当画家的资格？穷困潦倒的人多了去了！再说我画画本来也不是为了出名。"

"那你为了什么？"

"为了快乐啊！"她很耿直地回答，"其实我小时候刚学画画的时候，老师就说过我没有天分，让我把画画当爱好就好，不要走这一行，但是我就是喜欢画画，因为喜欢所以快乐，我觉得只要过程是幸福的，结果并没有那么重要。"

那天她的这些话，我到现在都还清楚地记得。从她家离开的时候，我特意向她求了一幅画，这幅画现在还挂在我家的客厅里，每当我心情不好或者工作中遇到难题的时候，只要看到那幅画，心情就会瞬间开阔起来。

这是冰带给我的正能量。我也希望我们的身边拥有这种正能量的人能够再多一些，因为快乐与乐观的生活理念其实是可以传递的。

是冰让我知道，原来生活的目标并不只有成功二字，还有快乐。

我们或许不成功，或许不优秀，但是绝不能放弃追求快乐的权利，因为只有在最好的年纪里努力绽放自己，活出美丽与快乐，才能不负时光，不负自己。

3

　　说起快乐，还有一个不得不提的人。她叫路雪，曾经是一名记者，而现在是一个生活在乡间的无忧无虑的淘宝店主。

　　彼时我正在为一场活动寻找合适的服装，有朋友跟我推荐了一家淘宝店铺，那是一家由独立设计师自主设计的小众服装品牌，主打清新文艺风格。

　　我一眼就爱上了那家店铺清雅恬淡的装修风格和衣服简单素雅的设计，于是通过朋友跟店主取得了联系，希望她可以为我们设计生产一批服装。

　　没想到，店主本人就是设计师，听了我的需求，她当即答应，一周之后就把设计初稿发给了我。

　　在那之后，经过几次推敲改版，设计才算完工。然后，为了选出最合适的服装面料，她特意打电话邀请我跟她一起去挑选。

　　就这样，我见到了那个电话中声音甜美的路雪，也得知了她那段不同寻常的人生经历。

　　传媒大学播音主持专业毕业的她，曾是某地方电视台的一名记者，在传媒行业打拼多年，27岁时的她已经走向了自己事业的巅峰。然而，或许是做社会新闻记者做得久了，她却突然对人生有了一番新的顿悟。

于是，她辞去电视台稳定的工作，只身前往意大利进修，学习了服装设计。三年后，而立之年的她学成回国，在灰瓦白墙的徽州小镇里，开创了属于自己的服装品牌。

选完布料，她邀请我去她的工作室做客，那是一个独立的小院落，里面的布置朴素清新，满院子的盆栽绿植，大的落地玻璃窗，原木的桌椅，还有两只趴在藤椅上晒太阳的猫咪，看起来像是一间独具特色的乡野小舍。

我能想象到她生活的惬意，每天早上起来打理一下花花草草，然后在工作室里安安静静地进行设计创作，午后，在温暖的阳光里沏一杯淡茶，翻两三页书，或者邀三五好友，一起去外面逛逛，夜晚，坐在大大的落地窗前，仰头看看漫天的星光，等待新的创意灵感。

或许是因为生活的安逸，岁月似乎并没有在她的脸上留下任何痕迹，依旧是明媚的笑容，清澈的眉眼，柔和的语气，和她在一起，让人有一种说不出的舒服。

后来她跟我聊到当年辞职的过往，她说，其实很多人不理解她的做法，电视台记者是许多人向往的一种职业，很多人都认为她应该加倍珍惜加倍努力。

其实一开始，她也是这样的想法，为了事业的成功，她每天拼命努力，常常为了一个节目策划忙到后半夜，为了找新闻三天两头出差，在她的努力下，工资越来越高，也渐渐成了当地电视台新闻记者中的佼佼者。然而，原本以为拥有了这些就会拥有的幸福和快

乐却没有如期而至，相反，在巨大的压力下，她整个人渐渐变得越来越消极和暴躁。

她说："我每天接触的都是社会的阴暗面，问题少年的一失足成千苦恨、恩爱夫妻转身成仇敌、骨肉至亲为争财产大打出手，还有灾难面前人类的渺小与无能为力……然后有一天，我突然想通了，其实生活纷纷扰扰，不过是我们在自寻烦恼罢了，贪念越重，追求越多，快乐就会越少，倒不如把握眼前的每一天，去做自己想做的事情，去过简简单单快快乐乐的小日子。"

她淡然一笑，继续说："其实我早就有开一家自己的服装店的想法，但是一直没有认真去考虑能否变成现实，辞职以后，我决定把这个愿望变成现实，所以用攒下的积蓄出国去进修，然后，就有了现在的这家小店。"

为了保持生活的简单和纯粹，路雪没有开实体店铺，所有设计的服装只是少量生产，然后在网上销售，但每一个设计都是她对生活感悟的具象体现，或许只有领悟她生活态度的人，才能有所感受。

4

其实，我们生活在一个很糟糕的世界里，它阴暗、功利、荒谬、复杂，它让我们为了一些不得不去追求的东西而疲于奔命，渐渐忘记自己是谁，渐渐忘记快乐的真谛。

为了在这个冷漠的世界里顽强求存，我们学会了把物质当作筹码，把戒备当作护盾。为了不被伤害，我们选择去伤害别人，为了不被抛弃，我们选择去抛弃别人。

可到最后，当我们像一辆奔驰的列车呼啸着奔赴那个虚无的终点，才发现，原来奔赴本身并不应该是生活的主角，那一路上被我们忽视的山川风景，和被我们丢弃的种种所谓的不切实际，其实才是生活本来的面目，我们只是太坚定地眼望前方，所以忽视了已经握在手中的真实的点滴幸福。

但快乐其实并不是一件遥不可及的事情，它一直就在我们身边，只要我们愿意停一停脚步，伸一伸手，就能够拥有。

我们总会感慨，说童年的时光是最快乐、最无忧无虑的，那你有没有想过，为什么孩子的世界总是比我们快乐？

是因为他们生活在一个全然不同的世界，是因为他们真的不食人间烟火，没有一点烦恼吗？

不是的，如果你去过福利院，去过那些遍布留守儿童的乡野山村，就会发现，无论生活多么贫困，无论身体有怎样的残缺，那些孩子的眼睛永远是清澈的，笑容永远是天真烂漫的。

这不是因为他们不懂痛苦，不是因为他们不懂寂寞，而是他们明明痛苦，明明寂寞，明明遭受了无情地抛弃与背叛，却依然愿意相信，这是一个美好的世界。

　　我们跟他们生活在同一片天空下，可是当这片天空烈日当头时，我们因为炎热而抱怨太阳，他们却早已捡来一片小玻璃去对着阳光折射彩虹；当这片天空暴雨倾盆时，我们躲在房间里抱怨乌云，他们却像撒欢的小动物，去探寻雨滴的奥秘，把满地的污泥当作玩耍的天堂。

　　世上之事，原本就没有好坏与对错之分，正所谓有得必有失，有苦才有甜。当你的心总是背对太阳，你就只能看到地面上的阴影，看到一个灰暗的世界，可当你把脸朝向阳光，就会看到一片明媚的世界。

　　女人，这个世界很糟糕，可至少还没有糟糕到过分的地步。这个世界很自私，可我们依然看得见美好。这个世界有诸多风雨，但我们可以把风雨当作另一种风景，把彩虹当作对美好未来的期待。

　　生活是一场残酷的考验，但我们应该面带笑容，一路行走，一路高歌，在春天里等待花开，在傍晚时期待斜阳，纵然荆棘遍野，山高路远，只要有快乐相伴，就能够一生坦荡，一生幸福！

第14章 面对悲伤

哭得太过瘾，忘记了为什么而哭

我愿陪坐在你身边，唱歌催着你入眠。我愿哼唱着摇你入睡，睡去醒来都在你眼前。我愿做屋内唯一了解寒夜的人。我愿梦里梦外谛听你，谛听世界，谛听森林。

———赖内·里尔克

1

你是在哭吗？

没有，我只是过敏了。

对什么过敏？

对人生。

悲伤是人生一条没法趟过的河，你觉得趟过这一段就过去了，但实际上，你的人生是沿着河走的。学会与悲伤打交道，这和学会快乐同样重要。

快乐与悲伤，是生命中最重要的两个命题，我们把团聚的幸福、成功的喜悦、相恋的甜蜜等一切美好的感受统称为快乐，而把面对苦难、分别、受伤时的那些负面情绪称为悲伤。

我们追求快乐，讨厌悲伤，希望自己的人生能够是一片坦途，一帆风顺，希望生活里只有鲜花与阳光，没有风雨，没有坎坷。

然而现实总是残酷的，快乐与悲伤就如同生活的两副面孔，总是交替上演，毫无征兆。有太多的人，在最幸福的日子里无端被噩运捉弄，在原本平淡的生活里无端见识悲剧的上演。

所以，我们不但要学会如何去享受快乐，更应该学会如何去面对悲伤，让自己不至于在命运的重重打击之下一蹶不振。

我曾借着一次出差的机会，去过圣城耶路撒冷。那座城市以和平之城命名，却长久以来被战争残酷蹂躏，成为这个和平年代里少有的动荡之地。

那次旅行最令我震撼的，并不是战火带来的片片废墟，也不是当地百姓的流离失所，而是静静矗立在耶路撒冷城西的赫泽山旁的那座二战纪念馆。

或许是因为对宗教的崇拜，当地人民似乎很愿意将死者葬于赫泽山附近，那里有许多纪念战争亡灵的纪念碑，甚至是以色列前总统裴瑞斯的国葬之地。

其实在中国也有许多的二战纪念馆，历史资料、侵略罪证、万人坑……每每见到这些，总是让人看到战争的残酷，哀痛那些无辜丧命于侵略者刀下的亡魂，也加深了对侵略者的仇恨之心。

但是相比之下，在赫泽山旁的那座二战纪念馆却有些与众不同。

那是一座犹太人纪念馆，用来纪念二战中被纳粹残忍杀害的一百多万犹太儿童。

可是整个纪念馆里，没有血腥的图片，没有国仇家恨的标语，有的只是一张张孩子们笑容洋溢的照片，一片用来感恩对犹太族施

以援手的人的树林，还有为亡灵祈福的蜡烛与鲜花。

相比仇恨，他们更愿意铭记恩情，相比灾难，他们更愿意铭记笑脸。

有人说，犹太人是这世上最聪明的种族，我想，从他们对待悲伤的态度上来看，我愿意承认这一点。

因为铭记仇恨很容易，放下却很难，放声大哭很容易，带着悲伤的心笑对生活却很难。可他们懂得生活要向前看、向好看的道理。宁愿把所有的悲伤放在心里，也要成全对美好未来的一份希望。

面对苦难，如果你沉浸其中无法自拔，结果只能是将它带来的伤害无限扩大，让它不但摧毁了你的昨天，还将摧毁你的明天。

既然如此，倒不如挣扎着爬起来，把所有的悲伤留在身后，即便无法抛却，也不要让它成为再次击垮你的利刃。因为苦难终会过去，只要笑对明天，至少还有一个未来可以期待。

2

生活对每个人来说，都是一件辛苦的事情，我们要照顾自己，关怀别人，要努力打拼，实现梦想，要承受风雨，经历坎坷。面对这么多的负重，如果我们学不会给自己减负，就只能眼睁睁看着负面情绪一点点堆积，最后把自己的生活过成一场悲剧。

其实，人生就像一场牌局，打牌的虽然是我们自己，但发牌的人却是命运，在牌摸到手里之前，我们永远不知道它是好是坏，就算你不满意，也不能要求命运重新洗牌。

所以，愤愤不平也好，火冒三丈也好，伏地痛哭也好，你还是得坚持着把手里的牌打完，那既然如此，又为什么不换一种态度呢？就算做不到笑着应对，好歹尽量做到心平气和，才不至于让自己理智全无，输得太惨。

我在一个四月的阴雨天里，去参加萍父亲的葬礼。在小城西郊的墓园里，萍撑着一把黑伞，像雕塑一样一动不动地站在那里，一滴眼泪都没有掉。

整个葬礼，萍既是亡者家属，也是唯一的负责人。她是家里的独生女，母亲早逝，没有兄弟姐妹扶持，也没有可靠的亲戚帮忙照料，从大半年前她父亲癌症住院，到葬礼的举行，期间所有大大小小的事情，都是她一个人扛下来的，我们这些朋友也都有各自的生活要应付，能给她的帮助实在是微乎其微。

她父亲住院时，我曾去看望过一次，等到葬礼时，已经有小半年没见过萍了，短短半年，她整个人瘦了一大圈，圆脸变成了尖脸，面容也带着说不出的憔悴。

葬礼上，我们几个朋友有心帮忙，无奈人生地不熟，当地的方言也听不懂，到最后，还是萍一个人前后张罗，把所有的事情都处理妥当，所有的亲友都照顾妥帖了。

161

葬礼结束，送走了所有的亲友，已经是晚上十点多了，塔塔开车，我坐在后座陪萍，萍一句话也没说，靠在椅背上就睡了过去，几分钟后，又昏昏沉沉地醒来。

我们陪她一起回到她父母生前的家里，她一进门，就开始里屋外屋地忙着收拾她父亲生前的遗物，把家里所有的东西都收拾妥当了，然后跟我们说，她明天一早要跟我们一起回北京。

第二天一早，我们就出发回了北京，萍在北京休息了短短两天，就回到公司去上班了。

那时，我们谁也不敢问她为什么不在家多休息两天，也不敢问她为什么在葬礼上一滴眼泪也没掉，因为以前的萍给我们的印象其实是一个娇滴滴的独生女，谁都没想到她竟然能如此平静地把这一切扛下来。

怕她想不开，每天晚上，我们都轮流过去陪她吃饭聊天，可事实上，她的情绪一直还算稳定，一个月后，我们才渐渐放下心来。

这件事情，一直到很久以后，我们才敢在她面前提起。

一次闲聊的时候，塔塔说她以前其实最看不上萍，因为觉得她是个娇生惯养的娇小姐，说话细声细气的，在朋友面前也从来没有发疯骂人的时候，总让人觉得没趣。可是，经过那件事情之后，塔塔对她的看法发生了翻天覆地的变化，说萍是外柔内刚，是个隐形的女汉子。

我也接着说："是啊，其实那天我们都做好了万一你哭到晕厥就把你送医院的准备！"

听了这话，萍叹着气笑出声："你们以为我不想哭吗？我是强忍着的。哭有什么用，我爸看病花光了家里所有的钱，为了保住他们俩辛苦一辈子买下的房子，我欠了二十多万的外债，我爸去世以后，我把手上仅剩的几万块钱用来办葬礼、买墓地，如果我不赶紧回北京挣钱还债，他们的房子就要被银行拿去抵债了，我不坚强点，谁能替我扛下来？要是坐在家里哭有用，那把长城哭倒了我也愿意！"

其实我很赞同塔塔，因为我也很佩服萍，如果换了我，遭遇那么沉重的打击，说不定早把自己关在房间里哭个昏天黑地了，哪还能管得了那么多。

萍的眼里翻着一点点泪花，语气却故作轻松地说："我爸临走前就一个愿望，就是希望我快快乐乐地生活下去，然后找个可靠的人嫁了，我不能让他失望。"

或许是萍的父母在天上保佑着她，后来萍真的遇到了一个对她很好的男人，他没什么钱，却愿意把自己的工资卡交到萍手上，他长得一般，却愿意把萍宠成公主。

前几天，萍在朋友圈里发了他们刚拍的婚纱照，为了尽快把外债还完，两个人连钻戒都没舍得买，却依然笑得一脸幸福。

我坚信，萍配得起这样的幸福，因为她是那样坚强乐观的女人，我也相信，那个男人是幸运的，因为未来的生活里，即便他们遭遇坎坷，萍也是一个能够与他共担风雨的坚强女子，娶妻如此，才是

最大的幸福保障。

3

"人生总是这么痛苦吗？还是只有小时候这样？"

"总是如此。"

这是《这个杀手不太冷》中的经典台词。

而这一句台词之所以能够成为经典，正是因为它说出了许多人内心最普遍的心声。

人生是痛苦的，因为有太多的事情我们无法预料，有太多的事情我们无能为力。与命运相比，我们是渺小的，与世界相比，我们也是渺小的，渺小的我们，只能在社会的大背景与个人命运的小背景之下，努力过好自己的小生活。

当悲伤降临，有的人沉浸在痛苦之中无法自拔，把自己的生活过成了一副邋遢颓废的样子，从此一蹶不振，再没有出头之日。

有的人不放弃对未来的美好期待，咬牙坚持，终于撑过了风雨，迎来转机，等来了生命中的彩虹。

而有的人，把痛苦当成一种磨炼，用柔软的心去堆砌坚强，愈挫愈勇，让自己成了一个战士，披荆斩棘，走向辉煌，把所有的悲伤、苦难都吸收成了养分，滋养自己茁壮成长。

如果是你，你会选择成为哪一类人？

我曾有幸结识过一位曾在2008年汶川地震时去前线采访的记者，那时距离汶川地震已经时隔几年，可谈起那一次的灾难，她依旧是一脸凝重，眼中含泪。

她说，她当时几乎捐出了自己所有的积蓄，可面对那样惨痛的场景，心里那种悲凉与无助之心还是没有一点点的减少。

我问她那样的经历有没有给她的生活带来改变，她说有，有很大的改变。

以前她是一个得失心很重的人，生活或者事业上的一点点小的起落都会给她的心情带来波动，有时候为了一点点事情就会跟别人大吵一架，或者因为分手、考试没考好而把自己关在房间里大哭好几天。

可是，当她亲眼看着那些满身是血的人被从废墟下抬出来，看着痛失亲人、家园的人眼中冰冷的绝望，当她的耳边充斥着响彻天地的惨叫与哀号，当她亲身感受着余震时整个大地剧烈晃动带来的恐惧，她才恍然明白，原来那个曾经为了少二两秤与卖菜大妈争吵、为了中午只能吃盒饭而发愁的自己有多么的身在福中不知福了！

她说，在生死面前，在灾难面前，你才会发现，其实生活中的那些所谓的喜怒哀乐都多么不值一提。我们只要活着，只要四肢健地全活着，就已经是莫大的幸运！

是啊，只要我们都还活着，只要活着，明天就会有希望，而困

扰我们的那些悲伤与艰难，在生死面前，又是多么的微不足道！

当你因为买不起名牌衣服而难过时，想想那些衣不蔽体的人，他们或许想要的只是一份有衣可穿的温暖；当你因为一时的失败而垂头丧气的时候，想想那些为了追梦而落魄的人，他们宁愿露宿街头，也要在追梦的道路上执着向前；当你为了每天吃什么而发愁的时候，想想那些吃不饱饭的人，在世界的许多地方，因为战乱、因为贫穷，有太多的人从来没有吃过一顿饱饭……

你觉得你很惨，可这世界上总有比你更惨的人，他们比你更坚强。

你觉得你很倒霉，可这世界上总有比你更倒霉的人，他们比你更乐观。

悲伤有大有小，当你的心变大了，再大的悲伤也会变小，可如果你的心太小，那么再小的悲伤也足以让你心神不宁。

4

女人，生活是一段充满未知的旅途，我们能做的就是昂首挺胸，微笑前行。

这段旅途中会有风雨交加、乌云密布的时刻，但是不要忘了，风雨只是暂时，在乌云之上，天空依然蔚蓝，阳光依然温暖。只要你的心里存着对阳光与晴朗的期待，就会成为一个明媚的女子。

这段旅途中会有万物凋零、冷风刺骨的寒冬，但是不要忘了，冬天过后，就是万物复苏的春天，所有的希望都在蓄势待发，只要你的心里存着对春天与温暖的期待，就总能等来生命中的那一场春暖花开。

而当你终于熬过了风雨黑暗，迎来光明与希望，再回首时就会发现，其实当初那些逼得你走投无路的苦难，那些让你泪流满面的悲伤，那些曾经痛彻心扉的伤痕，都已经随着时间烟消云散，留下的，只有有所体悟后的成熟和对美好生活的加倍珍视。

其实，生活就像烹饪，酸甜苦辣都有营养，都有各自不同的风味，那些苦涩，又何尝不是一种独特的体验？

人生百味，如果你不曾一一尝过，又怎会知道其中的甘苦？人生百态，如果你不曾一一览过，又怎能分辨得出美丽与丑陋？

所以，女人，不要害怕苦难，不要怨恨悲伤，试着去把它当作一种考验与新鲜的尝试，挺过之后，自然有一番广阔的天地在等待着你。

已经发生过的事情，再后悔、再难过也于事无补，因为时光不会倒流，我们谁都没有重新来过的机会，你又何必把所有美好的时光都浪费在对过去的悲痛与缅怀之中呢？

过去已然过去，未来可期。不如对过去潇洒地放手，忘记悲伤，宽恕自己和别人，来成全未来的美好。

生活可以给我们悲伤的理由，但选择是否悲伤的人却是你自己。

即使眼下正遭受着苦难，但你依然可以为自己找出活下去的意义，依然可以为自己找到幸福的理由。

　　女人，我们渴望幸福，却不应该惧怕苦难，渴望快乐，却不应该拒绝悲伤。因为一个人最大的成熟，不是心态变老，而是泪水在眼眶里打转，却依然能保持微笑。

第15章 学会放弃

失恋，那是丢掉了一个不爱你的人

有时候，在黄昏，从顶楼的某个房间传来笛声，吹笛者靠在窗前，而窗口有大朵的郁金香，此刻，你若不爱我，我也不会在意。

——玛琳娜·茨维塔耶娃

1

作为一个执着于爱情的女人，我曾经暗下决心，绝不为爱情做任何牺牲，因为，我很可能爱错人。

对于女人来说，爱错人是再正常不过的事情，但不正常的是，很多人却执迷不悟，以为这是忠于爱情。

用塔塔的话说，馨怡为了某人能活脱脱地把自己送上绝路。

在很长的一段时间里，我们都认为馨怡是无药可救了，一个在工作中精明干练无比的婚纱影楼女老板，在爱情面前却天真执着地像个十六七岁情窦初开的少女。

某人是指她那个在一起三年之久的奇葩男友。

当年作为摄影师的馨怡职场受挫，加上与初恋男友分手，受到很大打击，消沉了很长时间。然后，就在她最虚弱、最需要人关心的时候，他出现在她的生命中，给了她许多关心和照顾。

在他的热烈追求下，馨怡从上一段的感情阴影中很快走了出来，陷入另一段感情之中去。却没想到，刚出"虎坑"，又入了"狼穴"。

当得知馨怡有了新男友，我们高兴地起哄要她带出来给我们见见，那天我们三个女生加上馨怡和她的新男友一起吃了顿饭，结果结账的时候桌上唯一的男性坐在一旁看着我跟塔塔抢着买单竟然毫无反应，从那一刻起，他在我们心中被馨怡树立起的光辉形象就一落千丈了。

后来的事实果然很不幸地按照我们的猜想发展下去了，那个人自私又不求上进，最擅长的就是网聊和网络游戏。

他确实对馨怡很好，但他的好并不是专属品，而是对所有漂亮女生实行无差别对待，用我们通俗的话说，就是"博爱"。

他可以不顾自己已经有女朋友的事实，大半夜送自己的女同事回家，被馨怡质问时理直气壮地说："她来大姨妈了不舒服，我送她回家是助人为乐啊。"

他可以在约会时抛下馨怡不管，只因为前女友打来电话说分手了很难过需要安慰，馨怡吃醋，他却一本正经地说："分手了也是朋友，朋友需要安慰，我赶过去不是很正常嘛，再说我跟她都分手了，还能做什么对不起你的事？"

时间久了，馨怡也习惯了，每次我们为她抱不平，她都无奈地说："算了，随他去吧，他就是个善良的人，看不得别人有难处。"

可是这个看不得别人有难处的男人，竟然大半夜抛下自己的女友去送别人回家，跟馨怡吃饭永远馨怡买单，却舍得花钱请心情不

好的前女友去 KTV 唱通宵。他的善良都拿去对别人好了，却独独委屈了自己的女朋友，这算哪门子的善良？

馨怡的婚纱摄影店做得风生水起，钱也赚了不少，他是小城市出身，父母都是普通的退休工人，那一年，两个人原本准备结婚，他的工资少，也没什么存款，馨怡理解他的苦衷，就打算用自己攒下的三十多万付首付买房。

结果没过几天，他就跟馨怡商量说，他家的老房子是六楼，父母年纪大了，爬楼不方便，北京房子太贵，现在买不划算，就算付了首付每个月还要还很高的月供，不如拿这笔钱在他老家全款买一个低楼层的大房子，这样也算对父母尽了孝心，他是独生子，房子以后肯定也是他们两个的。

当听馨怡说起这件事的时候，正喝水的塔塔一口水喷在了我的电脑上，指着馨怡说："你是不是被下了迷魂药？他家不买房就算了，你嫁给他还得倒贴帮他家买房？！"

"我嫁给他又不是为了钱，再说他为父母尽孝也是应该的。"

"真没见过谁能把恋爱谈得这么清新脱俗！"这是塔塔苦劝无用后给出的结语。

然后，馨怡拿出她全部的积蓄，在男友的老家给他的父母买了一套房子，当然，那个人现在已经是她的前男友了。

说实话，别的闺密朋友分手，我们都是跟着难过的，唯独馨怡的这次分手让我们几乎是拍手叫好的，这真不是我们不厚道，实在

172

是她遇人不淑，回头是岸。

好在，馨怡终于忍无可忍，提出了分手，好在，她的生意越做越好，终于凑够了首付自己买了房，好在，她还三十未到，依然有下一份美丽的爱情值得期待。

2

这个世界上真的有很多姑娘，坚信爱情是永恒的，是可以倾尽所有不顾一切的。

其实，每一个女人都渴望一份琼瑶式的唯美爱情，不掺杂任何物质条件，能打破一切观念束缚，为了那个命中注定的人，就算上刀山下火海也在所不惜。

谁不想在人群中与他相见，然后一眼万年？谁不想爱得轰轰烈烈不虚此生？谁不想执子之手与子偕老，守着山无棱天地合的誓言？

然而，幻想终究不能代替现实，你无怨无悔地付出，你为了他可以不顾一切地伤害自己，可是，假如他不是那个你命中注定的 Mr Right 呢？假如你认定的那个"尔康"没有把你当成他的"紫薇"呢？

现实与童话之所以不同，正是因为童话是简单纯粹的，在童话世界里，每一个公主在落难时都会遇到她命中注定的王子，每一个王子都是完美无缺的绝世好男人，每一次相恋就算有再多的坎坷，

最后的结局都会是王子与公主从此过上幸福的生活。

但是在现实生活中，却有着太多的未知与意外，善良的女子所托非人，美好的开始敌不过漫长的平淡，重重考验让其中一个人先投了降……

所以，那些童话、小说之所以美好，是因为它摒弃了一切黑暗的东西，只把美好的一面拿给你看。

我刚来北京时曾经与另外两个姑娘一起合租，其中一个是来自江苏的文静女孩，因为说话甜甜的，我们都叫她蜜糖。

那时候我为了工作方便，在五道口附近租了房子，而蜜糖之所以住在那里，是为了一个男生。

他们两个是本科时的同学，那一年刚刚大四毕业，他继续在学校读研究生，而她步入了工作岗位。

她的公司远在国贸，每天早晚要挤很长时间的地铁上下班，大多数在国贸附近上班的人都愿意把房子租在通州或者南边，因为那些地方房租相对便宜，条件也就会相对好一些，可蜜糖却偏偏把房子租在了房价很高的海淀，原因只有一个——想离他近一些。

可他连她的男朋友都算不上。

他是她大学暗恋了三年的男神，长得很帅，打篮球很迷人，学习成绩也很好，总之在她的眼里，他是无可挑剔的完美王子。

她像个追星的少女一样，为了自己的男神愿意做任何事情，她坚定地认为，喜欢一个人，就是要倾尽全部去对他好。

送早餐、送礼物，这都是她当时在学校每天的必修课，她记不住自己的课表，却能把男神的课表倒背如流，每天掐着时间到男生宿舍楼下去送早餐，连男生宿舍看门的大爷都知道那个男生有一个近乎疯狂的追求者。

他喜欢打游戏，临近期末考试的时候，为了不耽误男神的学习，她牺牲自己的复习时间帮他练级，还从自己不多的生活费里攒下钱来帮他充游戏买装备。

结果她的付出，没有等来成为男神女朋友的荣耀，却跟男神混成了哥们儿。

他是个大大咧咧的人，对她实行了无性别对待，把她当成了他一群好哥们儿中的一个，有好事想着她，有聚会叫着她，她受人欺负他帮她出气，勾肩搭背、称兄道弟，一点没有把她升级成女友的意思。

蜜糖也不着急，想着只要自己不懈努力，总有一天能够感动男神，至少让他知道她是这世界上对他最好的人，就算做备胎，也是第一号备胎。

然而没想到，大三的时候，他却喜欢上了外语系的一个漂亮女生，很快陷入了热恋之中。

男神与女神走在一起，成了一段美好的佳话，却没人知道，在这佳话背后，是蜜糖碎了一地的心。

男神成了另一个女生的专属品，不再约她出去玩，不再与她勾

肩搭背，她连备胎都算不上了。

然而心碎了几天之后的蜜糖却终于想通了，竟然依然不求回报地对他好，他需要她的时候，她随叫随到，不需要她的时候，她就退得远远的。得知那个女生喜欢吃学校附近一家甜品店的蜂蜜南瓜派，她大热天排着长队去买，然后回来交给男神，眼看着他一脸高兴地奔向女神的宿舍楼下献殷勤。

毕业季就是分手季，男神和女神分了手，蜜糖又重新找回了希望，那段时间，男神心情很压抑，为了多陪陪他，她把房子租在了学校附近。每天下班以后，来不及吃上一口饭，就跑到校园里去给男神送晚饭。

那年冬天的情人节，他放假回了老家，她特意请了几天假，坐长途火车跑到遥远的黑龙江去向他表白，用她攒了两个月的工资，买了他一直想要的最新款高配笔记本电脑。

结果，男神还是拒绝了她的表白，他说他一直把她当哥们儿。电脑他也没收，说她赚钱不容易，让她退给商家，说朋友之间不能收这么贵重的礼物。

20多个小时的长途火车返回北京，我去北京站接她，她已经哭成了一个泪人，没有回家，而是直接拉着我去小吃街喝酒，也不说话，只是一边喝酒一边哭，最后我花费了好大力气才把她拖回家。

第二天是周末，我跟另一位室友劝了她整整一天，她很委屈地说："我知道感情不能勉强，我没怪他，我只是心里难过。可我就是不想放弃，这辈子他是我喜欢的第一个人，也是最后一个！"

劝是没用的，我只能一边心疼她，一边保持沉默。

到最后，她还是没能接受他不爱她的事实。在得知他有了女朋友之后，竟然辞职跑到他所在的那座城市里去，找了一份比北京差了不止两三倍的工作，不是为了破坏他的感情，只是心里还抱着最后一丝幻想，幻想有一天他终于回过头，能看到她的好。

后来，我就再也没有蜜糖的消息了，也不知道蜜糖和她男神的结局到底如何，但愿她最后可以明白，其实爱情是两个人的事情，是两个人的努力，并不应该是一个人孤军奋战的战场。

3

爱上一个人的时候，是最卑微的时候，为了仰视他，你可以卑微到尘埃里去。

因为害怕失去，所以我们情愿受伤，情愿委屈自己，也不愿意放开抓住一点点残存希望的那双手。

可是，女人，爱情终究是两情相悦的事情，是彼此交付的你情我愿，是相互的卑微，是你不顾一切向他飞奔而去的时候，他也愿意为了你而敞开怀抱。

如果你爱上的那个人并不爱你，如果你爱上的那个人不值得你

为他付出一切，如果你的付出对他来说根本不值一提，如果你受伤跌倒了他都不愿意回过头来看你一眼，那么，你的坚持，你的等待，到最后也只能换来一身伤痕，不可能等来幸福的结局。

爱对了，是幸运，是美好；爱错了，唯有放弃，才能成全彼此。

不要因为害怕放弃的痛苦而勉强坚持，勇敢地去放手，一时的疼痛换来的是以后长久的幸福，可如果明知道没有希望还去坚持，等待你的将只有漫长无期的难挨。

女人，不要指望你的妥协。你的卑微能够换来爱情，懂得珍惜你的人，不需要你放低姿态去讨好，而不属于你的人，就算你匍匐在他的脚下，也只会让他更不把你放在眼里。

所以，我们宁愿用一时的撕心裂肺去放掉对方，也放开自己，宁愿承受一个人的孤独，也不要用怜悯换取没有保障的爱情。

女人，爱情不是一个人望着另一个人的背影独自神伤，而是两个人在冷漠的世界里拥抱取暖。

4

缘生因起，缘灭生散，世间之事都逃不过一个缘字。

当缘分到来的时候，应当努力珍惜，当缘分散灭之时，也无须刻意留恋，该放手的就放手，让过去成为过去，才能给今天的自己一个重新开始的机会。

佛家常说，人生有八苦，其中有两苦便是"求不得"与"放不下"。

得不到却放不掉，这是许多痛苦和遗憾的根源，是很多人无法摆脱的束缚。而我们想要摆脱这两种痛苦，最好的方法就是学会放下。

人生在世，其实不仅仅是爱情，其他的很多事情也是如此。身为普通人，我们有太多的东西想要而得不到，有太多的事情想办而办不到，有太多的失去想找也找不回。

既然求不得已经成为事实，那么就只剩下放手这唯一的出路，聪明的人，应该明白这个道理。

人生是一场负重的旅行，放弃原本就是这场旅行中最主要的意义。

草木秋天的凋落是为了春天的重新绽放，蝴蝶的破茧而出是为了成全一个飞翔的梦想，放下何尝不是另一种拥有？

如果你为了一个错误的人拴住自己，浪费自己的所有感情与青春，不肯回过头来去看看这个大好世界，去给自己一个机会，也给别人一个机会，就等于放弃了遇到那个对的人的可能。你怎么知道当你勇敢放手之后，不会有一个更好的人正在下个路口等你？

如果你看不开过去，放不下遗憾，背负着沉重的负担缓慢前行，把生活过成一副疲惫不堪的样子，又怎么会看见这世界的美丽，去放松心情享受当下的美好？

这个世界是残酷的，有太多的事情，不是执着到底就会有结果

的，不适合你的，不属于你的，无论你怎样努力，都改变不了结局，唯有放手，才能给自己另谋出路的机会。

舍得舍得，有舍才有得，很多时候，得到就意味着失去，而放下也是另一种拥有。

第16章 经济独立

自己喜欢的东西，不必等谁来送

我所抱的一切思想，仿佛都是没有钱而引起的。

——石川啄木

1

身为女子，你有没有思考过这样一个问题：明明提倡男女平等很多年了，可为什么一旦离婚，受伤最深的、最不幸的那一方往往是女人？

是因为女人爱得更深吗？可当初海誓山盟穷追不舍的往往是那个愿意为了你放弃一切的男人。

是因为女人更长情吗？可离婚闹得天翻地覆，法庭之上刀兵相见，又有几个是为了挽回那份纯粹的爱情？

说白了，都是钱闹的。

幸运的是，我们生活在一个全新的时代里，在这个时代中，女人被赋予跟男人一样的权利，可以拥有自己的事业，可以凭自己的劳动赚钱，只要你愿意，你可以与男人拥有同样的主动权，就算最后爱情荡然无存，就算当初说好会照顾你一辈子的那个人中途变心，你至少不会沦落到人财两空的悲惨地步。

所以说，经济独立，其实是每个女子在爱情之外的退路与保障。

谁都知道赚钱很辛苦，打拼事业需要莫大的毅力与付出。为了赶一份方案，可能必须窝在办公室里加班吃泡面；为了拉到一笔订单，可能要四处求人谈客户；为了能在考核中升职加薪，可能要委屈自己去适应这个社会的人情往来。

所以，为了不让自己过得这么辛苦，有一些女人宁愿把年轻漂亮当成资本，凭借爱情来坐享其成，去轻松拥有别人梦想中的物质富足的美好生活。

但是，一旦你把自己的经济来源交付在别人手中，一旦你把别人当成生活的依靠，就意味着你将成为另一个人的依附品，你的人生将由不得自己做主。

或许你青春靓丽，有许多男人为了博美人一笑心甘情愿为你花钱。可你有没有想过，十年、二十年以后呢？

或许你运气爆棚，嫁了一个既爱你又有经济基础的老公，拥有了很好的物质条件，不需要为赚钱发愁。可你有没有想过，人生有各种各样的意外，万一有一天不幸降临，你拿什么来避免风险？

钱不是万能的，但是作为女人，没有钱是万万不能的，因为它不仅是生活的一份保障，更是你在爱情中的一份底气。

2

小药是一位女演员，毕业于上海戏剧学院，当年在学校里的时候，曾因为兼职不断被称为广告小公主。后来，刚刚大学毕业的她，在同班同学都还在各个剧组试镜、跑龙套的时候，很幸运地遇到了一位高富帅。

他是美籍华裔，家里经营着很大的产业，算是名副其实的富二代。他们在一次朋友聚会中相识，他对她一见钟情，对她展开热烈追求。

她在最好的年纪里嫁给他，他说做演员太辛苦，又要拍需要跟男人有亲密接触的戏，别干了，咱家也不需要你赚钱，你就负责貌美如花就行。

然后，她就开开心心地在家做了一个只知道购物打扮的貌美如花的富太太。

开始时一切都很好，他在家族企业的分公司里做副总，虽然跟白手起家的人比起来不知幸运了多少，但工作总是辛苦的，何况还担负起了家族接班人的重担。

所以，回到家里，忙碌了一天的他对小药开始越来越没有耐心，她身体不舒服寻求关心，他只是派保姆来照顾她，她让他帮忙给一个亲戚介绍工作，他也只是敷衍了事。

他在企业里因为年轻缺乏经验被人质疑，每天都面对着很大的压力，她却只知道他是企业接班人的风光，以为他工作上的事一定都是顺顺利利的；她总是撒娇缠着他，其实是想多过一些二人世界，可他却认为她是无理取闹不懂事，不理解他的辛苦。

渐渐地，两人之间的矛盾越来越多，直到一天，所有的矛盾大爆发，两个人发生了一次很激烈的争吵。

那时他因为搞不定一个大客户而被下属背后说闲话，心里郁闷，她却为了给他准备一份生日惊喜而要求他休假一个礼拜，两人从一开始的拌嘴到后来演变成大声吵架。

她心里难过，怪他总是不回家，怪他连她的生日和结婚纪念日都不记得；他也委屈，觉得自己给了她这么好的生活，她每天只需要无忧无虑地生活就行，什么烦恼都没有，竟然还没事找事地跟他吵架，一点也不懂得知足。

她又生气又委屈，让他滚出去。

然后，他一气之下，说出了一句让她终生难忘的话，他说："这里是我家，房子是我买的，该滚的是你！"

那天晚上，她穿着很薄的一件小开衫从家里跑了出去，夜晚寂无行人的街道上，她像一个无家可归的孩子一样，蹲在路边的广告牌下哭了很久很久。

然后她才发现，原来自己除了这个男人其实一无所有。房子、车、存款、数不清的名牌衣服，那些曾经带给她许多光鲜和富足的东西，原来都并不属于她，他的那句话，像匕首一样深深刺进她的心里，

让她觉得说不出的难受，却又无法反驳。

一个小时之后，消了气的他跑出去找到了她，向她道歉认错，并把她接回了家。

这一次的争吵，就像所有夫妻之间的争吵一样，在第二天就烟消云散了，但是，一夜没睡的小药却做出了一个重大决定：她要重新找回自己的事业，她要去赚钱。

凭借着以前拍广告时攒下的人脉资源，她很快就有了片约，从小配角开始做起。

整整两年，她没日没夜地拍戏，从一个组跑到另一个组，几乎把自己逼上了绝路。

渐渐地，她开始变得小有名气，签约了一家知名娱乐公司，片酬也是水涨船高。

她不再毫无节制地买名牌衣服包包，而是把钱攒下来，买了一套属于自己的房子。那个一百多平方米的房子，虽然不够奢华，也跟家里的别墅没法比，可是，从买房到装修到添置屋里的家具摆设，她从没有花过她老公的一分钱。她像是拼了命要为自己挽回颜面一样，拒绝了他为她提供的所有帮助。

就这样，小药因为老公的一次气话，拥有了她现在属于自己的一切。她不再害怕他让她滚，因为她有一个属于自己的家可以回；她也不再害怕他有一天会变心，因为重回演艺事业的她，足够美丽，足够自信，足够体面，是许多男人梦想中的妻子模样，他对她只会加倍爱护，加倍珍惜。

3

一个女人经济的独立，与家里是否有钱无关。

当你身处一个平常的家庭时，你应该经济独立，因为你的独立，可以帮助你和你所爱的人撑起一个家庭的幸福；当你身处一个富有的家庭时，你更应该经济独立，因为你的独立，将是你在家庭中诠释平等、获得体面的一种底气。

当你不需要依附别人的腰包来生存时，你才有权利说不，你才有权利提出要求，你才有权利赢得尊重。

没错，每一个出生在富贵之家的女孩都是幸运的。但是，再有钱的父母，也没有抚养你一辈子的义务，就算他们能做到给你留下亿万财产，你就真的能放任自己这一生一无所成，靠上一辈的老本来过活吗？

当你没有收入，只能依靠父母来实现物质富足的时候，就算你孝顺听话，在别人眼中，也只能是一个啃老族，你的身份地位，你的财富荣耀，都来自你父母的辛苦打拼，与你无关。

可当你拥有一份稳定的工作和收入的时候，就算赚的钱不多，就算你的工资与家族财富比起来微不足道，你至少可以用自己赚来

姑娘
你的光芒无可抵挡

的钱为父母做力所能及的事情，你至少可以脱离父母去独自生存，不必成为别人的负担。

没错，遇到一个能赚钱并且愿意为你花钱的男人，你是幸运的。但是，你能保证他一辈子都心甘情愿为你花钱吗？就算他能做到，你忍心自己逍遥快活，让这个爱你的男人独自承担家庭的重担吗？

你能保证他的父母亲人，七大姑八大姨也愿意眼睁睁地看着他的钱都揣进你的腰包吗？

当你没有收入，所有的开销都由这个男人来支付的时候，假如你穿戴得光鲜亮丽，别人会说，你看，这个女人没什么本事，就会花钱，她老公那么辛苦赚钱，她也不知道勤俭持家，娶这样的老婆，真是家门不幸！

可当你的收入足以支付自己的日常开销的时候，当你想买的东西都是自掏腰包的时候，当你甚至可以用自己赚的钱来买东西孝敬公婆的时候，你穿金戴银，全身名牌，别人也只会说，你看，这个男人娶了一个好老婆，会赚钱还会打扮。

就算有人责备你花钱如流水，你也可以挺直腰板去反驳：我的钱包我做主！

而在这个世界上，能够出生富贵之家的女孩，能够嫁给一个有能力又愿意独自养家的男人的女孩，毕竟还是少数。

大多数的女人都跟我们一样，出生在普通的家庭，嫁给一个普普通通的人，所以，对于我们来说，经济独立就更加重要了。

你可以超然物外，视金钱如粪土，但前提是你能吃得饱穿得暖，钱不代表一切，但没有钱就没有了一切。

你可以不物质、不功利，但不能把这些作为自己懒惰不上进的借口。

《女人要有钱》的作者茱蒂·瑞斯尼克就曾说："女人要青春，要美丽，要遇见好男人，更要有钱才会幸福。"在她的观念中，再幸福的女人，如果不为自己未来的生活做打算，都是一件很危险的事情。

中国有一句古话：嫁汉嫁汉，穿衣吃饭。

这或许是隐藏在我们观念中根深蒂固的关于婚姻的定义。但是，身为新时代的女性，关于婚姻，你想要的到底是一个温馨有爱的伴侣，还是一张供养你穿衣吃饭的长期饭票？

我们总说，经济基础决定上层建筑。在家庭关系中，其实这个道理尤为明显。

如果你曾留心观察过，就会发现，那些在家庭之外拥有一份独立的事业，拥有一份稳定收入的女人，往往是自信的，是个性鲜明的，是从容优雅的，她们能紧跟时代的步伐，对生活充满热情，有一种令人赏心悦目的独特魅力。

她们无论在社会中还是在家庭里，都拥有绝对的话语权，可以自己把控生活的走向。

她们喜欢的东西，从不用跟别人开口去要，看中好看的衣服，

想买一件昂贵的首饰，想花钱去学一门新的技能，这些事情都可以自己掏钱，自己做主。

她们在生活中会得到更多的满足感，可以用自己赚来的钱去孝敬父母，关心老公，照顾孩子，那份对家庭的付出感与成就感是其他事情无法替代的。

4

提到经济独立，绝大多数的人首先想到的就是赚钱。但事实上，经济独立包括两个方面，一是开源，二是节流。

所谓开源，就是有固定的收入来源，而所谓节流，就是学会节省，学会理财。

其实，现代社会，绝大多数的女人都拥有一份属于自己的工作，也就是说，有一份稳定的收入。但是，会理财，懂得用钱生钱的人却并不多。

集美丽和智慧于一身的台湾著名女企业家何丽玲曾在采访中说："我很小就明白，美貌和理财是女人一生最重要的事。"她说，女人读书成绩差一点没有关系，但是一定要懂得理财。

聪明的女人，懂得如何用钱生钱，她们会在年轻的时候通过打拼为自己和家庭积累财富，从而在步入中年时逐步达到理想中的财富自由。

说到这里，我又不得不提我的闺密塔塔了。

她算是我的闺密圈中混得比较好的一个，名牌大学毕业，知名外企白领，26 岁以后就已经年薪 30 万了，晋升部门负责人后更是薪金翻倍，可用她的话说，她的账户就是个 ATM 机，每天有进有出，可到最后没有一分剩下是自己的。

确实，一个人的收入与支出往往是成正比的，没钱的时候，两百元可以坚持一个月，有钱的时候，买一个包就花出去大半个月工资。何况塔塔又是一个对钱没什么概念的人，在购物方面随心所欲，只要银行卡里有钱，看中的东西，就会通通买回家，根本不考虑这些东西需不需要，值不值。

所以，年近三十的她，虽然拿着比普通人多几倍的工资，存款依然少得可怜。

过年的时候她回老家，家人建议她在北京买房，所有人都认为，她赚那么多钱，在北京买套房是很轻松的事情。回北京后，塔塔仔细考虑了这件事情，才发现自己每年租房的开销多达十万，假如毕业初期就贷款买一套小户型，这些钱几乎已经足够偿还全部贷款了，可如今，她还是个连房子都没有的北漂。

于是，在初春天气尚冷的一个周末，她把我们叫到她家，郑重其事地宣布，她要攒钱买房了。

塔塔是一个做事很有规律的人，自从下定决心后，她为自己制

订了一份两年买房计划。现在这个计划还在执行中，而且进展不错。

更神奇的是，她每个月攒下了固定的存款，但生活质量并没有降低，相反的，生活变得更加有计划性，对未来的规划也变得更加清晰，整个人的状态看起来棒极了。

女人，你知道十万元钱放在理财产品里每个月会有几百元的收入吗？你知道基金定投在三五年后可能会达到百分之二十的收益吗？你知道许多看似细小的花销攒下来就是一笔大数目吗？

经济的独立，其实不仅仅是有一份收入那么简单。聪明的女人，会赚钱，会花钱，也会攒钱。她们既不会牺牲自己眼下的高品质生活，也不会对未来毫无打算。

财富的自由，是人格自由的前提条件，每一个渴望自由的女人，都应该先学会经济独立。

第17章 拥抱事业

母系氏族到女权，社会进步就是让女人说了算

有了钱我很高兴，但是钱并不能改变我是谁，我的脚还是踩在地球上，不同的是我的鞋子可能比别人的稍贵点。

——奥普拉·温弗莉

1

女人，要把事情当事业来做，很努力地去做，然后才能给人一种"毫不费力"的错觉。

作为一个来自三线小城市的人，我的身边总不乏这个小姐姐这样的人。

这个小姐姐比我更早进入化妆造型领域，她甚至可以称得上我半个师傅。在家乡工作了一段时间之后，我去了上海、首尔，然后在北京定居，而她一直坚守着自己的阵地。

我们这么多年一直有联系，虽然没有多密切，但每年回家都要见一次。

这么多年，这个小姐姐始终如一。因为她不变，而我是在成长的，所以在这样始终如一的人身上，我能看到自己的变化，而她却没有意识到。

直到有一天，家乡的一位顾客从北京把我请回去，做她的婚礼化妆师，刚好那个小姐姐也在附近的一个酒店出婚礼，下午三点一切结束，我们约在附近的一家甜品店叙旧。

两个人在同一天做同样的工作，她当然要问一问我的报酬，当我把数目说给她之后，她目瞪口呆，愣了足有十秒钟。

"天呐，这么高？"她惊讶地说，脸上带着难以置信的表情。接下来，她的脸上又带上了羡慕和些许的不屑。

这小姐姐并不是坏人，之所以露出些许不屑的表情，是因为同行之间往往会下意识地看低别人的工作，这是人之常情。

小姐姐大概觉得我的报酬是她的十倍是因为我运气好，"唉！"她叹了一口气，"早知道我也应该出去闯，咱们这个小地方根本就要不上价。"

她都这么说了，我除了附和她还能说什么呢？"是，姐姐你是被家庭耽误了，要不然肯定比我强！"我知道这么说很假，但至少她心里会舒服一些。

在这个小姐姐看来，我的工作和她的工作没有任何分别，我甚至还比她年纪小，我却可以轻而易举地拿比她高十倍的收入，这无疑是不公平的。

但这小姐姐意识不到，我是做出了多少努力，才做到了她眼中的"轻而易举"。

一个人在外面闯，吃的苦自不必说，关键是，我为什么肯吃这些苦，因为我是把化妆当作我的事业来做的。

为了这个事业，我可以天南地北地奔波，可以在异国他乡语言

完全不通的情况下刻苦学习，可以起早贪黑拿着微薄的报酬超负荷工作，只为一个锻炼的机会。这些，是这个小姐姐看不到的，她所看到的就是我和她一样出了一场婚礼而已。

而这个小姐姐呢？从我认识她到现在，她的化妆手法就没变过，连一个简简单单的单根睫毛都没有尝试过。比起化妆，她的生活里更多的是美食、旅游和秀恩爱。

之后，小姐姐要看一看我给新娘做的造型，于是我把当天婚礼的照片发给了她，她看着那几张没修过的照片好一会儿，终于点了点头说："惠，你现在画得确实比我好一点。"

人是不谦虚的动物，这个小姐姐能够承认我"确实好一点"，那就代表着我的水平对她来说已经是遥不可及的了。

有些事不是一下就能看透的。人会成长。成长到了这一步才能看懂下一步，见过世面很重要。世面见多了会越来越觉得自己渺小。反之眼界越小就越觉得自己是最厉害的。作家毕淑敏说："因为见过世界的广阔，你就会知道自己的渺小。"

2

学习，工作，结婚，生子，老去……每个女人的一生，都像是一场跋山涉水的旅程，背负着与生俱来的使命，在时光的催促下沉重前行，趟过了眼前的河，还有下一座山。

所以有人说，女人不需要事业，因为再有本事的女人，到最后还是要回归家庭。

殊不知，一个女人所有美好品质的遗失，都是从失去自我开始的。

事业代表着一种向上的延伸性，会给我们的人生带来更多的可能性。放弃了事业，就像我那个小姐姐一样，把自己禁锢在了"一望到老"的境况下，在羡慕别人的时候，只能慨叹"要不是我当初……"

女人，当你因为足不出户而越来越忽视自己的美貌与气质的时候，当你全心于家庭琐事而在工作上越来越没有斗志的时候，当你以生活忙碌为借口，停止学习进步的脚步的时候，你便失去了独立、自信、优雅、上进心。

时间在这些起初并不明显的失去中渐渐溜走，然后在某一天你会不经意地发现，曾经引以为傲的年轻，走着走着，就变成了苍老，那些海阔天空的梦想，等着等着，就等成了遗憾。

这一点也不夸张，因为事业对于一个女人来说，真的如此重要。

在许多人的观念中，似乎事业有成与家庭幸福二者是不能并存的，因此即便在追求男女平等的当今社会，"女强人"这个称呼多少还带着些同情与嘲讽的意思。

但不得不说，这是一个彻头彻尾的谬论，因为在我们的身边，已经有太多的例子，她们在工作中能力出众、事业有成，在生活中依然家庭和睦、贤惠孝顺。

不仅如此，因为体会过工作的辛苦，她们更能体谅家人的难处，能够与爱人彼此支撑，共担风雨；因为有丰富的社会阅历与见识，她们更能给家人和孩子带来精神层面的助益，对生活中的苦难与坎坷有更强大的承受能力。因为有独立的经济来源，她们更加踏实自信，能够带给家人更多经济上的支持。

事业与家庭原本是相辅相成、共同进益的两个方面，它们分属于人生的两条轨迹，却可以彼此支撑，为我们搭建起一个稳固而美好的生活模式。

所以，女人，不要再把家庭当作阻碍你拥抱事业的借口。一个勤奋上进的人，就算工作再忙，依然可以照顾好自己和家人，而一个懒散随性的人，就算有大把空闲的时间和精力，也不见得能做好一个贤妻良母。

的确，为了事业放弃家庭放弃生活的极品女强人模式并不可取，因为事业上的成功永远无法弥补爱情与亲情缺失所带来的遗憾，但反过来说，即便拥有这世上最完美的爱情和最幸福的家庭，也无法代替一个人在事业与梦想上的缺失。

我们在残酷的世界里拼尽全力，在复杂的社会中顽强求存，不是为了做强势的女人，不是为了把谁踩在脚下，而是因为，人生只有一次，梦想只有一次，只有拥有一片属于自己的天空，活出属于自己的骄傲，才能配得上这只有一次的生命，才能在即便苍老将至的时候，能以最优雅的姿态告诉世人，我曾多么精彩地活过，我曾在这个社会中有一个属于自己的位置，我将无可替代。

命运被我们牢牢地掌握在了自己的手中，从不必因为别人的背叛而恐惧，更不曾因为没有人爱而悲戚。

3

认识谷雨的人都说，她上辈子一定是拯救了银河系。

她的父亲是连锁酒店的继承人，母亲出身书香门第，她从小过着养尊处优的生活，受着外公与母亲的文化熏陶，简直是现实版的公主。

不仅如此，谷雨还遗传了母亲的良好基因，170cm 的身高，身材纤细，相貌清纯，是许多男生的梦中情人。

但是这个原本可以一辈子无忧无虑的公主，却硬是不甘于公主的头衔，把自己活成了女王的模样。

那是一个下着雨的三月，我在苏州工作。一个当地的朋友打来电话，说邀请我工作之后跟她一起去看一次服装走秀。

我本没有多大的兴致，毕竟秀看得多了，大多是大同小异，有亮点的不多。但是，那一次的走秀却让我大开眼界。

那是一场别具一格的旗袍秀，观众不多，也没有任何商业气息，在苏州和风软柳的三月里，轻盈地款款而来，让我的心跟着荡漾了

起来。

活动结束，朋友把那场秀的主办人带来介绍给我认识。那是一个高挑清秀的女孩子，名叫谷雨，经营着一家自己的旗袍品牌，定位苏州，只是为了寻找到苏杭一带最好的绣娘。

我真诚地夸赞她的旗袍很有韵味，让人眼前一亮，她开朗一笑，自谦地说："都是设计师和绣娘的功劳，我不过是个初出茅庐的创业者，靠着他们的手艺吃饭而已。"

那次见面，谷雨很热情地带我去她的店里参观，量了我的尺寸，为我定制了两件最新款的旗袍，我很不好意思地接受了，我们算是正式相识。

回来后，我的那位朋友跟我说，她和谷雨是在美国上大学的时候相识的，那时在国内留学生的圈子里，谷雨就已经很出名了，因为留学的富二代很多，她是少有的跟普通留学生一样去餐馆里打工的。

留学三年，很多人都是含混度日，好一些的能够在学业上取得好成绩，而谷雨不仅专业名列前茅，更是对自己的事业有很清晰的规划。入学第二年，她就建立了一个网站，专门分享旗袍知识，那个网站建立后，还曾在国内提倡汉服的圈子里引起了不小的轰动，算是开了一个先河。

回国之后，谷雨四处奔波寻找旗袍设计师，因为国内做旗袍的大多是老师傅，无法成为她创业的伙伴，后来几经辗转，她找到了远在马来西亚定居的一位华人旗袍设计师，几次登门请求才让对方同意与她一起创业。

朋友说，其实留学的时候，她本来是很看不起那些有钱人家的留学生的，觉得他们都是在国内成绩不好，仗着家里有钱出国镀金的，出去之后也是每天胡吃海喝，没个正形。但是与谷雨的相识，让她彻底改变了对他们的看法，不仅如此，每当看到谷雨的时候，她自己都会有一种危机感，她总结说："最能带给人动力的就是比你优秀的人比你还拼命。"

谷雨就是那个比很多人优秀，明明可以拼爹，却还比别人更拼命的人。她没有因为出身富有就放弃自己对事业的追求，也从来没把家族的事业与个人的事业混为一谈，你可以承认她父母的成就，却无法忽视她个人的成就，你可以说她是幸运的公主，却不能否认她可以成为独当一面的女王。

这样的女人，才真正值得佩服。

4

二十岁的你，是否羡慕过那些一毕业就进入大公司，对未来有清晰规划的同龄人？三十岁的你，是否羡慕过那些事业有成，受人尊重的同龄人？四十岁的你，是否羡慕过那些自信优雅，社交圈广

泛的同龄人？

有太多的人，总是一边羡慕别人，一边放任自己的人生过得邋邋懒散。

二十岁时，因为害怕失败而追求安稳，在毫无挑战的岗位上轻松度日；三十岁时，把家庭和孩子当成借口，消耗掉自己的最后一点事业心，从此生活里只有柴米油盐、奶粉尿布；四十岁时，觉得年华已逝，青春不在，所以一边把所有的激情都熬成遗憾，一边放任自己早早地安度晚年……

你或许是个好妻子、好妈妈，或许是别人口中的贤妻良母，可浑浑噩噩的几十年，或许到弥留的那一刻，你依然不知道自己是谁，更不知道，自己到底可以优秀成什么样子。

你羡慕那些拿着比男人还多的薪水，站在事业高峰挥斥方遒的女强人，那你有过高烧 39 度依然撑着完成工作的毅力吗？

你羡慕那些在某个领域有所成就的女精英，那你有过在每个凌晨四点爬起来钻研学术、充实自我的坚持吗？

你羡慕那些被事业打磨得精致美丽，浑身散发着魅力的成熟女性，那你体会过独自离家打拼的辛苦吗？体会过除夕夜独自加班看万家灯火的凄凉吗？

拥有一份事业是辛苦的，是需要为之付出很多努力的，但如果你太疼爱自己，放任自己得过且过，那么这份辛苦与坚持过后迎来的那些美好与荣耀也都将与你无缘。

我们的人生可以有无限种可能，生命也可以有不同的宽度，只要你愿意用自己的脚步去丈量，用自己的努力去换取。

年少气盛时，每个女人都曾有过对事业、对未来的美好幻想，都曾想过要拼尽全力，去成为一个受人瞩目的人。

但是，生活的艰难，打拼的辛苦，命运的不公，时光的摧残，社会的诱惑……这种种考验都成为前进路上的绊脚石，让我们一次次跌倒，一次次绝望，到最后，无数的人在现实面前缴械投降，放任自己在社会中随波逐流。那些关于梦想、关于事业的美好幻想，都成了年少无知时内心泛起的小小涟漪，还没来得及掀起滔天巨浪，就被无情淹没了。

但是，你有没有想过，即使是池塘里最美丽的那朵莲花，如果它没有在泥潭中奋力生长拔高，遍身泥泞，也不会拥有成为出水芙蓉，在阳光下绚丽绽放的华美一刻。

再出身高贵的公主，如果不曾拼尽全力去活出属于自己的精彩，也不可能让别人记住她与众不同的名字。

头顶王冠，收获掌声与赞美，这一切靠的只能是你自己。你努力过，才会成功，拼搏过，才会无悔。

摆在我们面前的，其实只有两条路，要么碌碌无为，在琐碎的生活中含混度日，放弃所有的追求沉默地度过整个人生，要么坚持梦想，拼尽全力，把自己逼到尽头，然后在痛苦中开翅，羽化成蝶，活出一个精彩的人生。

不要妄想可以依靠别人过一辈子，如果你依靠父母，就会成为父母的负担，连累他们无法安度晚年。如果你依靠男人，把所有的追求都寄托在男人的身上，花尽心思去经营一个男人和家庭，等到把他培养得足够优秀，优秀到你已经无法与他匹配时，等待你的将只有无尽的恐慌与自卑。

所以，无论到任何时候，你都不要放弃自己的事业，因为你可以创造未来的唯一方式，就是依靠自己，脚踏实地地去努力。

属于你的江湖，并不是一个男人的怀抱。

就像《离婚律师》中的那段经典台词："我认真做人，努力工作，为的就是当站在我爱的人身边，不管他富甲一方，还是一无所有，我都可以张开双手坦然拥抱他。他富有我不用觉得自己高攀，他贫穷我们也不至于落魄。"

他富有我不用觉得自己高攀，他贫穷我们也不至于落魄，这才是一份爱情最好的状态。

5

事业带给一个女人的，并不只是经济收入那么简单，它是一个人在社会中的专属位置。

当你拥有这个位置的时候，你将拥有自己的职责划分，这意味着为了匹配这份职责，你必须在领域中不停督促自己前进，学习新的技能，了解社会的进步，让自己处于不间断的学习与锻炼之中，一点点变成更优秀的自己。

当你拥有这个位置的时候，你将拥有自己独立的交际圈，有从事一样工作的同事，有志同道合的朋友，有除家庭之外另一个可以休息和娱乐的港湾，你烦躁时、难过时、需要逃避时，不至于无处可去。

当你拥有这个位置的时候，你将拥有自己见识世界的窗口，你将通过它见识各种各样不同性格与背景的人，经历各种各样或离奇或有趣的事，这些都会成为你生命中的一笔财富，让你变成一个丰富而有趣的人。

当你拥有这个位置的时候，你将能够站在第一线去体会生活的疾苦，打拼的艰辛，因此可以体谅许多人，理解许多事，这些也将反馈给你的家庭，让你更能明白爱人在外奔波的辛苦，也懂得该如何更好地教育子女适应这个社会。

当你拥有这个位置的时候，你将能够通过自己的努力获得成功与社会的认可，这份成就感与荣誉感会成为自信的来源，让你的气质变得从容淡定，在任何场合都能够应对自如，在任何困境中都能坚强挺过。这份自信与坦然会升华为你的气质，让你成为一个魅力四射的女人。

这一切，都是事业能够带给你的最好回报。而你，即便用最笨

拙的姿态，即便出身一般，相貌平平，智商不高，但只要不停下奋斗的脚步，也依然可以在这条路上不断前行，到达那个你想要的终点。

爱情有一天或许会消逝，朋友有一天或许会背叛，财富有一天或许会散尽，但唯有事业为你积攒下的那些能力与认可是无论何时都不会离你而去的，那将是你在这个社会中立足生存的最可靠保障。

也唯有事业，能够帮助你掌握命运的主动权，帮助你活出属于自己的最好的模样，成为你最想成为的那个人。

第18章 热爱运动

运动停止，生命也就结束了

怀着"不能长命百岁不打紧，至少想在有生之年过得完美"这种心情跑步的人，只怕多得多。

——村上春树

1

作为一个"懒癌"晚期患者，我长期以来一直保持着能坐着就不站着，能躺着就不坐着的原则，没有工作的时候多半都是宅在家里，出去跟朋友约会，也都是聊天逛街为主，很少有参加户外运动的时候。

有时候走在路上看到家附近新开的健身房，也会一时兴起进去办一张健身卡，可是去过一两次后就兴致全无了，只把卡丢在抽屉里白白等到过期。

在我的身边，多的是身材好爱运动的人，但是真正刺激我重新翻出抽屉里的健身卡下决心坚持运动的，是我的表妹昀昀。

从小到大，昀昀都是一个肉嘟嘟的小胖妹，上初中时体重就已经达到了140斤，在我的印象中，她一直是胖胖的，很可爱的样子。

后来她考去了遥远的广州上大学，这期间我工作很忙，她也离家太远，所以我们有好几年没见，可去年过年回家的时候，见到她我几乎没有认出来。

藕粉色的短款毛衣，中蓝色的高腰牛仔裤，简单吊起的高马尾，凹凸有致的身材，标准的鸭蛋脸，没有化妆，小麦色的紧致皮肤，整个人看起来精神极了。如果是在马路上碰到，或许我都认不出来，眼前这个身材娇俏的大美女竟然是我那个胖了很多年的妹妹。

我向她求教减肥秘籍，她说没什么特别的，也没有节食，就是上大学后认识了几个喜欢运动的朋友，跟着他们混久了，自然而然地瘦了下来。

她跟我说起她大学几年的运动经历，一开始是周末的时候跟着朋友一起去附近的郊外爬山，常常是带着帐篷和食物负重上山，晚上在山顶露营，第二天再返回。

后来爱上了游泳和骑行，夏天在学校的游泳馆坚持游泳，一周去三五次，春天和秋天天气凉爽的时候，就约上朋友去野外骑行，一边骑车，一边看看乡野的风景，觉得生活非常惬意。

再后来，因为经常出去玩结识了许多热爱户外运动的"驴友"，利用假期时间长途骑行，曾从济南一路骑到南京。因为运动量增加，她没有缩食，但是体重却迅速降低，到后来竟然不知不觉练出了马甲线。

我调侃她："是不是有了心上人，所以才卖力运动减肥的？"

她笑着说："没这回事，我也没想着减肥，就是觉得出去玩挺开心的，流完汗之后也很过瘾，觉得自己特别有精神，生活也丰富了许多。"

她给我看了许多她户外运动时拍下的照片，有在春天遍地野花

209

的乡间路的上，有在高原清澈湛蓝的湖水边，有在江南阴雨天的青石板小巷子里的，一张张，都是她背着大大的运动包爬山或者骑单车的身影，也记录了她从140多斤的可爱胖姑娘逐渐变成100斤标准曲线美女的整个过程。

反观我自己，这些年在运动方面几乎为零的执行力，还有为了减肥饿出的胃病，无一不在督促我尽快开始运动的步伐。

回到北京之后，我翻出了雪藏已久的健身卡，把运动这一项郑重其事地加入了日程表中。

现在，我的运动生活也已经坚持了一年多的时间，主要以跑步、瑜伽、游泳为主，效果当然是显而易见的——虽然体重上没有太明显的变化，但是身材明显紧实了，整个人的气色和精神状态更是好了很多，而且我也切身体会到，当运动成为一种生活习惯，你的生活真的会因此增加一抹亮色。

2

其实运动带给人的好处中，保持好身材还是其次，最重要的是给我们一个健康的身体。

现今社会，繁重的工作，生活的负担，让许多人都长期处在一种高压的状态之下。

我们不得不为了生活去打拼，为了梦想去努力，为此常常没日没夜地加班，不辞辛劳地东奔西跑，体力劳动者因为高强度的劳动而身体疲惫，脑力劳动者因为长期地久坐不动而亚健康。

我们如此辛勤地忙碌，都是为了成功，为了财富，为了更好地生活，但是，我们满足了社会对我们的所有要求，却唯独忽视了自己的健康。

殊不知，健康才是我们一生中最宝贵的财富，它是我们做所有事情的保障，是我们拥有一切成就的前提。

Orla 是我的好友兼"健身教练"，当初我下决心好好健身的时候，一位朋友很热心地把她的健身教练介绍给我，这位健身教练就是 Orla。

但最让我震惊的，不是四十岁的 Orla 那一身完美的肌肉线条与小麦肤色，而是她与众不同的健身经历。

Orla 是新西兰人，年轻时曾在澳洲工作，是一名出色的女工程师，也是个典型的工作狂。然而由于有遗传性的家族病史，加上长期的繁重工作，饮食不规律，导致她在 27 岁的时候身体状况急剧下降，一次在工程施工的现场晕厥入院，被医生严厉警告，在那之后，她不得不卧床修整了半年，为了增强体质，她开始有意识地进行体育运动。

一开始由于没什么运动经验，加上身体虚弱，她只是买来一些健身器材在家中自己锻炼，比如把用来锻炼臂力和腹肌的悬臂带挂

在门上，一边跟别人聊天一边做悬空的俯卧撑，再比如一边看电视一边举哑铃或者摇呼啦圈。

后来她渐渐发现，原来运动没有想象的那么困难，只要不是高强度的运动，她的身体也完全可以适应，于是在医生的建议下，她开始参加有氧运动，坚持半年之后，已经可以参加半程马拉松了。

最初只是为了尽快让自己强壮起来，没想到在运动的过程中，她爱上了流汗的感觉，也对运动带给人的快感非常着迷。后来，她加入了美国一家很有名的健身俱乐部，每天进行长达 6 小时的高强度健身训练。

坚持运动一年后，她的身体状况不但恢复到正常水平，还比以前健康了许多，长期以来困扰她的疾病和习惯性晕厥等问题再也没有发生过。

然后，她辞去了工程师的工作，开始专职从事健身事业，考取了美国的健身教练资格，做了一名专业的健身教练。

谈及辞去高薪岗位转行做健身教练的往事，她很自豪地说："健身改变了我的人生，我希望通过我的努力，让更多人跟我一样，通过运动重获新生。"

她的话给我的感触很深，也给了我坚持运动很大的动力。我想，这世上有两种人，一种是天生热爱运动，没有目的心甘情愿地去做的，还有一种，是为了达成减肥、保持健康等目的，被迫地开始锻炼的人。

而我们，即便懒惰，即便天生没有运动细胞，为了健康，为了更美丽的自己，为了更阳光的生活状态，也应该养成运动的习惯，因为这对我们至关重要。

3

我们总说，赚钱很重要，成功很重要，实现梦想很重要，但是，这世上没有任何事情能比健康还重要。

每个人的身体只有一个，一旦累垮了，再多的钱也买不回来。如果没有了一个健康的身体，那要再多的钱、再高的地位又有什么用呢？更何况，生了病，自己受罪，家人伤心，辛辛苦苦攒下的钱也全送给医院了，又是何苦？

我们总说，生命在于运动，运动是保证我们人体代谢过程旺盛的重要因素，也是我们的身体存在的意义。

在漫长的旧社会里，由于绝大多数的人都在从事体力劳动，因此能够少干活、衣来伸手饭来张口的日子就成了所有人梦寐以求的幸福生活，这个观念一直延续到今天。

但是如果你仔细观察过，就会发现一个有趣的现象——在过去，肥胖是富贵的象征，那些家财万贯、锦衣玉食的有钱人通常是大腹便便的，而食不果腹，从事重体力劳动的人通常面黄肌瘦。但是现今社会，这个现象却已经很少见了，在我们身边，通常越是富有的人，

越注重健康饮食，注重体育锻炼，相比肥油厚肉，他们更崇尚粗粮素食，相比电视手机，更崇尚户外运动。

或许正因为这样，很多人误把运动健身当成了有钱人的专利，认为只有足够富有的人才有充足的时间外出清闲，才有充足的金钱用来应付健身器材、运动场地所需要的开销。

毕竟，一个每天为了应付工作已经身心俱疲的人，回到家里躺在床上动也不想动，哪儿还有多余的精力去做运动呢！一个在财政上捉襟见肘的人哪里有多余的钱去尝试办一张健身卡、打一场高尔夫呢！

这个观念之所以不对，是因为把运动的范围局限得太过狭窄了。

谁说运动一定要在特定的健身场地里来完成？谁说只有拿出整天的时间泡在体育场里才能达成运动目的？

时间充足的人，可以用十天半个月的时间去长途骑行，可以系统地完成一整套健身教程，但是生活忙碌的你，一样可以利用工作的间隙活动活动筋骨。

操劳了半天的你，可以利用午休的时间在办公室里做一套简单的运动操；加班到很晚的你，可以利用等公交车的间隙松松肩膀踢踢腿；外出后回到家的你，可以放弃电梯，通过走楼梯进行短暂的身体锻炼；忙碌了一周的你，可以在看电视的时候顺便做做瑜伽。

这些简单的运动或许只需要十分至二十分钟的时间，并不会对你的工作和生活产生任何影响，但是却会在不久的将来让你看到身体的改变。

资金充足的人，可以随心所欲地买昂贵的健身装备，可以请有经验的私人教练得到最专业的指导，但是不想花太多钱的你，只要想运动，一样可以有很多选择。

想学瑜伽的你，可以买一套不贵的瑜伽垫，然后跟着网上的教程在家里练练瑜伽；喜欢跑步的你，可以在夕阳西下的傍晚，或者阳光初照的清晨，在小区或者附近的公园里跑跑步，相比健身房里跑步机的轰鸣，这里或许会带给你更多的美景——左边是绿树湖影，右边是社会百态。

运动从来不会用任何条件将任何人拒之门外，只要你有一颗想运动的心。

4

我用自己的亲身经历得出了经验，其实运动效果的好坏，不在于强度多大，不在于投入了多少资金，而在于能否持之以恒。

每天跑两万米，但是只跑一天，跟每天跑一千米，但是坚持二十天的效果比起来哪一个更好，结果自然是显而易见的。

所以运动贵在坚持，哪怕只是每天十分钟，只要坚持下去，也比三天打鱼两天晒网要好得多。

其实，对于我们没有受过专业训练的普通人来说，太高强度或者太高难度的运动反而对身体不利，毕竟任何事情都是过犹不及的，如果一味追求速度和难度，结果不小心受了伤，那才真是"费力不讨好"了呢！

还记得《阿甘正传》中的男主角阿甘吗？在电影的前半段，他因为智力低下备受歧视，整个童年都处在阴影之中，后来至亲的离去更是让他的人生成为一场悲剧。在悲惨的命运面前，他选择用奔跑来对抗，从清晨跑到黑夜，从冬天跑到夏天，到最后，跑步彻底改变了他的命运，让他的身体和心灵得到了双重治愈，人生也由悲剧变成了一场传奇。

电影固然是运用了夸张的手法，但是不可否认的是，在现实生活中，运动确实有着改变人命运的神奇功效。

哈佛大学医学院副教授约翰·瑞迪坚信运动不只可以健身，还可以健脑。他通过研究发现，体能好的学生更容易在学习中取得好成绩。

而在我看来，运动对我们最大的帮助，除了健康的体魄，还有心态的改变。对于习惯了为工作和生活操劳忙碌的我们来说，运动其实是一项很好的减压方式，当你跟一群志同道合的朋友去风景优美的郊外爬山徒步，当你在劳累了一天之后酣畅淋漓地流一次汗，当你因为坚持运动拥有了比别人更好的身材，当你的体能一天天进步可以去迎接更大的挑战，你的心情也会变得豁然开朗起来。

你会因为运动而快乐，会因为运动而自信，会通过运动发现一个不一样的世界，成为一个更优秀的自己。

而且通过坚持不懈的运动，你将学会如何自我规划，自我控制，通过身体上的坚持，磨炼自己的意志和耐力，不断接受挑战，超越自我，激发自己的无限潜能，然后把这种不服输、不放弃、勇往直前的运动精神融入日常的生活中去，在人生的道路上取得更大的成就。

运动是一种生活的态度，更是一种生活的乐趣，当你因为运动而更加美丽，因为运动而结识更多有趣的人，因为运动而身心畅快的时候，你就会发现，其实热爱运动，坚持运动，并不是一件难事。

第19章 享受美食

完美的女人，原汁原味的汤

再简单的食物都有自己的灵魂，人生有很多味道无法复制。

——电视剧《深夜食堂》

1

我并不敢自称是一个厨艺高超的人，但是却算得上一个美食爱好者。

在饭店里尝到过一些好吃的菜肴，回家也总是会忍不住动手尝试去做做，假期清闲在家的时候，也喜欢把自己关在厨房里研究一些创意美食，每逢节日纪念日的时候，也总是忍不住手痒，想要自己做一桌美味的菜肴来为这些特殊的日子增添一些美好的回忆。

很多尝过我的手艺的朋友，都说我是一个顾家的人，毕竟作为年轻人，能够下厨独自完成一桌菜肴的人不多。但是我一直觉得，这跟顾不顾家没有关系，制作美食对我来说，其实是一种忙碌过后的放松方式，就像很多人喜欢看电影、喜欢购物一样。

有人说，美食能给人带来幸福感。我对这句我一直坚信不疑。

一个哇哇大哭的孩童，你把一小颗糖塞进他嘴里，他往往就会瞬间止住哭声，绽放笑容。

劳累了一天的人，明明腰酸背痛、浑身无力，可是吃完家人准备的一顿热气腾腾的饭菜，立刻会精神振奋，体力满格。

两个长久不曾联系过的人，见面时可能拘束而尴尬，可是一顿热火朝天的火锅吃下来，可以当场热络起来，称姐道妹。

这些都是美食带给我们的幸福，这种满足感，不仅仅在于果腹，更能为我们带来一种神奇的力量。

在我看来，美食其实是生活中最重要的一个环节，享受美食的同时，又何尝不是在享受生活，品尝酸甜苦辣的同时，又何尝不是在品尝人生百味。

就像未经世事的孩童，总是厌恶苦涩，偏爱甜食，而经历过世事沧桑的老人，却往往更钟爱杯里的那一泡苦涩的浓茶。

因为在孩子的世界里，一切都是美好的，所有的悲伤都是暂时，甜蜜与美满才是长久，而饱经沧桑的老人才明白，其实人活一世，往往诸多坎坷变迁，熬过了苦难，熬过了漫长岁月，才发现，其实那一杯浓茶滑入舌尖的苦涩才是生命最真实的折射。

就像初出茅庐的青年往往偏爱酒精的浓烈，而饱经世事的人却往往只爱一杯白开水。

因为年轻气盛的时候总是想把日子过得轰轰烈烈，像一个刚刚学会游泳的人，满怀志向想要在那片广阔的大海中翻腾起巨大的浪花，可是经久了才发现，其实生活的本质在于淡然质朴，烈酒也好，饮料也罢，不过是一时的调味剂，生活到最后还是要归于漫长的平淡，如同白开水一般，无色无味，却占据了生活的每一天。

食物，其实是我们用来感受世界、感受生活的一种方式，而到

最后，我们对这个世界的认知与感悟，也会在食物上折射出来，所以，美食对我们来说，其实原本就是生活密不可分的一个部分。

2

我曾去参加过一个名叫"漫步云端"的下午茶会。那是一个热爱美食与交友的女孩子发起的一个活动。

她是一家甜品店的女主人，据说她从小喜欢研究美食，尤其喜欢甜点，后来去了专门的面点学校学习了甜品制作，然后在北京的小巷子里开了一家小而精致的甜品店，每天的生活就是制作甜点，开门迎客，销售甜品，然后闲暇时坐在靠窗的位置上安静地读一本书，或者看看街角的人来人往。

她说，这样的生活让她觉得异常满足，每一天都像是在漫步云端一样，看着那些每天从她的窗下走过的踩着高跟鞋脚步匆匆的女性，和那些来她的店里把两三块甜点和一杯咖啡当作午餐的职场女性，她才发觉原来人生的弹性竟然可以如此之大，大到有些人步履匆匆，有些人无所事事，大到有些人天马行空，有些人却埋头疾行。

于是，她决定在每一个周六的下午举行一场小型的下午茶茶话会，没有任何的商业气息，甜点和咖啡完全免费，邀请那些在这座城市里四散忙碌的女性们，来这里静坐闲聊几个小时，目的是让大家互相分享各自的故事，通过甜点和美食敞开心扉，聊一聊心事，交一交朋友。

这个活动虽然没有经过任何的商业宣传，只是在甜品店门口摆出了一个小小的公告牌，但是赶来参加下午茶的人却不少，大家在这里彼此相识，学习做甜点，分享各自的故事和美食经历，到后来竟然变成了一个很庞大的女性联盟。甜品店里有诸多限制，很多人为了跟大家分享自己的拿手美食，都是从家里精心做好了带到这里来，大家相互品尝，一边享受美食，一边聊天。

在参加过这个别具一格的美食下午茶茶话会后，我也加入了她们的微信群，在那个群里，每天都会有许多人分享各种美食的做法和照片，也会有人说说自己的心事和经历，大家的表现都异常活跃，而她们原本都有着各自的家庭和事业，生活都是忙碌的。

一开始，对于她们钟情于这个团体的意义我并不是特别理解，但是接触深了我才慢慢发现，其实这些平日里被生活的重担压得喘不过气来无处宣泄的女性们，不过是在这里经由美食找到了一个出口。

她们在家里每天尽心尽力地为家人做可口的饭菜，却从来没有得到过一句用心地赞赏，可是在这里，她们用心制作的每一道美食都会得到别人诚心地夸赞；她们在工作岗位上不得不严谨认真，一副精明干练的样子，以至于早已被忽视了女性温存柔软的一面，但是在这里，她们可以放下戒备，放下精心伪装的面具，成为一个简

单的人，交志趣相同的朋友，做可以给人带来幸福感的美食，生活
因此增添了许多色彩。

我想，这不仅是下午茶茶话会的意义，更是美食带给我们的意义，
它可以让人放下浮躁，重新找回简单的快乐，它可以带给人无穷的
力量，可以在短暂休息后重新出发。

3

我看过一部很好看的电影，叫作《美食、祈祷和恋爱》。

电影的女主角是一位自由的旅行作家，有着体面的工作，有着
爱她的丈夫，一切看起来都是那么美好，但是她却承受着难以言说
的空虚与痛苦——她并不爱这个男人，也并不爱这样一种生活，虽
然她所拥有的一切是很多人梦寐以求的。

为了找回人生的意义，她打破了眼前拥有的一切，用旅行的方式，
去重新开始自己的生活。

然后，她在旅途中爱上了各种各样的美食，那些带给她味蕾无
限幸福感的意大利面、比萨，似乎在填满她肚子的同时，也填满了
她内心的空虚。

然后，在那个充满美食的地方，她遇到了那个能够带给她真正
爱情的真命天子，在美食与爱情的双重滋润之下，她终于明白了什

224

么样的人生才是她一直在寻找的幸福。

美食，祈祷，爱，其实人生百年，有太多的忙碌与羁绊，但说到底，生活最本质的东西也无非就是这些。

或许祈祷与爱情更多的是需要一场缘分，但是美食对每个人来说，却都是收获幸福最简单的方式。

当辛苦了一天回到家里，可以吃上一顿可口的饭菜；当早上迷迷糊糊地醒来，有一碗温热的粥在等待；在一个人寂寞的夜里，可以用一顿烤串来填补情感的空虚；当远走他乡在一个完全陌生的城市，可以找到一家地地道道的家乡菜……

其实生活的美好，原本就藏在这些最简单的"小确幸"中，而无论我们有多么寂寞，多么落魄，享受美食也永远不会成为一种奢求，它会在每一个清晨或夜晚，在每一次悲伤或疲惫之后，带给你温暖。

所以，明白美食对于人生意义的人，其实是最能明白幸福真谛的人，因为他们往往能在最简单的食物里品尝出快乐，能在浮躁虚妄的世界里寻回生命最初的纯粹。

4

享受美食，其实是一种生活方式。

你可以坐在沙发上一边看电视一边等待家人把饭菜炒香，也可

以在回家的路上直接从小饭馆里打包一份外卖。但是如果你没有体会过亲手制作美食的那种乐趣，你的生活也会因此少了一份别样的快乐。

其实，对于有心的人来说，制作美食的过程是快乐无比的，当看着简单的食材在自己的手中变换成各种独特的美味，当看着空白的餐桌被飘香四溢的菜肴一点点填满，当看着别人一边品尝着我们制作的美食一边露出赞扬的笑容，那种满足与幸福的感觉，唯有亲身实践者才能体会。

美食带给我们的生活方式，是在急功近利的社会里寻找一份还原自我的踏实。

在美食的世界里，你可以放慢脚步，忘却那些生活的琐碎与烦躁，静下心来，去享受那个由酸甜苦辣交织而成的世界，然后，带着这样一份缓慢的心情上路，不必急躁，不必计较，把原本急匆匆的生活变成一种慢步调，去享受慢生活带给你的那份简单舒适的快乐。

然后你会发现，其实生活原本就是美好而充满色彩的，我们应该好好去经历，好好去享受。

那些春的和煦，夏的炎热，秋的清凉，冬的寒冷；那些沿途的风景，晨起的朝阳，夜晚的明月；那些岁月背后的点滴往事，相爱与欢聚，悲伤与别离；那些曾经辉煌过、富有过的日子，和那些饱含失败泪水的坎坷与困顿……这一切的一切，都是命运最独特的滋味中的一种，而我们曾因为太着急于前进，往往把它们统统忽略了。

不妨，就用享受美食的那份心，去静下来好好感受一些这些生活中的点滴，享受每一瞬的美好时光，去把生活过成一道有色有味。香味四溢的美味菜肴。

美食带给我们的生活方式，是在粗糙匆忙的路途中收获一份并不奢侈的精致优雅。

提起优雅，总会给人一种难以企及的错觉，但其实优雅精致的生活方式很简单，并不需要花很多钱，并不需要名牌的衬托，并不需要绅士的陪同，需要的只是一份精致优雅的心。

而这份精致优雅的心，在享受美食的过程中其实能够得到很好的体现。

学会为自己买一套精致好看的餐具，不要认为这是一种浪费，因为享用美食的时候，餐具带给人的愉悦感也是不容忽视的。

不要把美食简单地当成填饱肚子的一种手段，美味的菜肴同样需要一个好看的卖相，花些功夫学习一些摆盘的艺术，当可口的菜肴在你的手中变成一个美丽的艺术品时，享受美食的那份幸福感会跟着翻倍。

就算住在简陋的出租屋里，就算回到家里只有孤零零的一个人，也不要忘记好好做一顿饭菜来犒劳自己，生活本身可以困顿窘迫，但是生活的态度却由你自己去选择。

假如你自暴自弃，在简陋的房间里吃着没有营养的泡面，把生活过成一副邋遢可悲的样子，那么你的人生也会理所当然地悲惨下

去。

但如果你愿意在并不如意的当下坚持一种积极向上的生活态度，把日子过成一首诗，那么境况就会大不相同。

每天早起半个小时，为自己制作一份简单的早餐，哪怕只是一个煎蛋几片面包，也总好过饿着肚子挤公交的凄凉；工作了一天回到家里，牺牲一些躺在床上看电视剧的时间，在厨房里为自己烹饪两个简单的菜肴，虽然并不丰盛，但至少健康、温暖。

当你在享受美食上做出这些改变的时候，你会发现其实你的人生也在不知不觉地发生改变，你或许开始愿意花时间去装点自己的生活，愿意花心思去体会身边已经拥有的一切，而这些改变，都将为你的人生带来回馈，指引着你一点一点走向一个更美好的世界。

享受美食，享受爱，享受生活，幸福如此，便已足够。

第20章 保持健康

午夜的一杯酒，清晨的一盏茶

姑娘
你的光芒无可抵挡

你若固执地坚持错误的方式生活，那么对于你美丽的流逝，任何化妆术都无济于事。

——索菲亚·罗兰

1

曾经看过台湾的一部小众电影，电影中的女主角名叫阿美，是一个地地道道的职场女强人，影片一开场，她踩着一双纪梵希的细高跟鞋，穿着凸显身材的职业套装，手里拿着香奈儿的时尚手包，一边风风火火地穿过早高峰的人群，一边打电话训斥着自己的助理。

摩天大楼的办公室里，她办公桌上的待处理文件已经堆成了一座小山，还是有下属不停地抱着文件夹进来请她过目。

妹妹打来电话，约她周末去郊外踏青，她把手机开了免提搁在桌上，一边审核着项目方案一边对着手机扩音器说："踏青是幼儿园小朋友该干的事，你可不可以在工作上上上心？你知不知道社会是优胜劣汰，你不努力，就会被别人踩在脚下。"

这时，助理突然敲门进来，说原本定好来拍产品照片的摄影师要休假去美国，只能重新寻找摄影师合作。阿美向助理要来摄影师飞美国的航班信息，打车到机场把他堵在了登机口外。

那位摄影师是个与她年纪差不多的男性，留着络腮胡，齐肩的

230

长发从后面扎成一个小辫子，穿着军绿色的冲锋衣，背着个大大的旅行包，一副邋邋慵懒的样子。

她把合同摔在他身上，要求他立刻跟自己回去完成工作，他不肯放弃假期，两人在机场大吵了一架，结果在撕扯之时，她突然感觉一阵眩晕。

摄影师眼看着飞机起飞，不忍心把她一个人抛在机场，把她送回了家中休息。第二天一早，身体恢复的她来到办公室，看见桌子上放着的一张违约合同和一沓违约金，助理告诉她，摄影师一早送来了这个。

接下来的一个月，阿美的身体突然出现了许多不适的症状，她会突然手抖而拿不住水杯，会走路莫名其妙摔倒，也会经常觉得舌头发麻吃不下东西，可是正在忙着跟另一位副总竞争分公司总经理职位的她并没有把这些放在心上，每天依旧是一大早来到大公司，又在空无一人的办公室里对着万家灯火埋头加班。

然后，就在总经理人选公布的会议上，她再一次晕倒了。

醒来时，是在四壁苍白的医院病房里，母亲和妹妹正趴在她的床边失声痛哭，一旁站着的同事也都对她投来同情的目光。

她得的病，学名叫肌萎缩侧索硬化症，患病的人会逐渐变得肢体无力，身体像被冻住一样，到最后再也无法动弹，也就是俗称的渐冻人。

她没有想到人生的转折竟然来得如此突然，躺在病床上，她可

以感觉到自己的身体在一点点变得僵硬，而思维却变得异常活跃，那些从前没有想过的，没有在意过的，如今都像放电影一样从脑海中一一闪过。

她突然有了好多愿望，想去看一看小时候在台南乡间看到过的大片的星空，想偷偷穿上妹妹那些破洞新潮的街头衣服，画着烟熏妆跑到酒吧里去跳热舞，想好好地谈一场恋爱，穿着情侣服甜腻地走在大街上，向所有人展示她的幸福……那些愿望，都是她曾经在最好的年华、在健康的时候错失过的遗憾。

病着的时候，她突然看清了许多事情，看清了许多人，就像一个曾经高高在上颐指气使的人突然走下神坛，她也开始明白，原来当人真的快要接近死亡的时候，恐惧的不是自己的地位不够高，钱攒得不够多，而是恐惧那些将无法自由奔跑的每一天。

在病中，她跟那位曾经打过一架的摄影师相恋了，他带着她去实现她的每一个愿望，努力让她最后的生命过得充实。

影片的最后，定格在茫茫大海边的沙滩上，她坐着轮椅，他半跪在她身边，两个人一起看着橘红色的落日落入海平线的背后。

她说："如果可以选择，我愿意倾尽所有，换可以自由奔跑的一天，可是，我已经一无所有了，还拿什么去换呢？"

电影包含着许多艺术与夸张的成分，但是它向我们展现的道理却是朴实而深刻的——这世界有太多的诱惑，有太多的东西可以追求，但是最宝贵的，却恰恰是生命本身，或许只有当连多活一天都成为奢侈的时候，我们才会明白，其实活着本身就是一种莫大的幸福。

2

当拥有健康的时候，我们从来没有想过它的来之不易，因为它就像空气和水一样，虽然重要，却是我们不费一丝一毫力气就唾手可得的，因为太容易，所以从没想过要去珍惜。

然而其实健康并不是我们想象的那样容易，据世界卫生组织的一次全球性调查显示，真正可以称得上健康的人仅占百分之五，有百分之二十的人是已经发现患有明确疾病的，而剩下的百分之七十五的人，其实是处在一种似病非病的亚健康状态。

所谓亚健康状态，虽然没有达到疾病的程度，但是也已经造成对健康的很大威胁了，是指稍不注意，很可能会发生各种各样的病变，所以，这个调查结果其实是给我们每个人敲响了警钟：疾病离我们并不遥远，保持健康已经刻不容缓。

现代女性，每天面对着工作和生活的双重压力，在外面要像男人一样辛苦打拼，回到家里还要回归妻子和母亲的角色，一旦生病倒下，生活很可能随之发生翻天覆地的变化。

现在的我们可能是幸运的，即便经常生活不规律，即便过度操劳缺乏休息，依然能保持一个很好的身体和精神状态，但是，一时

的幸运不代表一世，如果不趁着年轻早早重视健康问题，总有一天，疾病会变本加厉地还回来。

人生是一场辛苦的旅程，摆在我们面前有太多的欲望，有太多的追求，有太多的不得不，因此，在生活的驱使下，我们每天忙忙碌碌，总觉得时光匆匆，一晃而过，总觉得很多该做的事还来不及做，很多要走的路还没有走完，从不敢有片刻停歇。

可身体只有一个，它不是不需要燃料的永动机，也不是不知疲倦的机器人，它需要休息，需要小心地呵护和保养。

女人，如果摆在你面前有一个选择，事业也好，财富也罢，如果有一样东西是需要你用健康甚至是生命来交换的，你觉得它会是什么？

面对这样的选择，或许绝大多数的人都会毫不犹豫地拒绝，因为我们都明白其实健康对自己来说至关重要。

但是，现在社会上有许多人，其实就迷失在这样的选择里，为了功名利禄，为了家庭和子女，为了其他许许多多还没有完成的心愿或者实现的野心，日日夜夜透支着自己的健康。

有一句话说得很好，年轻时如果拿健康去换财富，到老时就要拿财富去换健康。

可别忘了，还有一个更残酷的现实，那就是即使你有着无穷无尽的财富，也换不回一个年轻健康的身体。

所以，年轻人，追求梦想可以，追求财富名利也没有错，为家庭为事业奉献更是高尚的，可是，这一切有一个前提，就是绝不能用牺牲自己的健康去换取。

有一位智者曾经做过一个比喻，他说人生就像是 1 后面跟着无数个 0，他用 1 来代表健康，用那些 0 来代表金钱、事业、权力、地位、爱情、家庭、子女……你可以去追求更多的 0，来实现人生价值的最大化，但是如果不小心弄丢了 1，那么就算拥有再多，到最后也等于一无所有。

因为我们所有的成就，所有的幸福，其实都是建立在一个健康的身体之上的，没有健康，其他的一切都无从谈起。

3

有人说，人在江湖，身不由己。

其实对于打拼于都市的我们来说，有时候的确是这个样子。

我们想呼吸畅快，却战胜不了雾霾，想吃得健康，却分不清食物的好坏，想生活规律，却避不开各种各样的应酬，想多多休息，却逃不掉繁重的负担。

我们总是在该睡觉时清醒着，却在该清醒时酒醉着；在该吃饭时畅谈着，却在该说话时沉默着；在该运动时端坐着，却在该休息时忙碌着……

我们的生活在努力下变得井井有条，可是身体状况却变成了一团糟，我们的事业终于有所建树，可健康状况却亮了红灯，这样的结果，也算不上功德圆满吧。

其实，这个道理说出来所有人都明白，但是在现实生活中，却很少有人真的做到对健康有足够的重视。很多时候，我们需要一些警醒和恐吓，才能在无节制消耗健康的路上悬崖勒马。

几年前曾有人做过一个问卷，问卷的标题叫作"假如"，据说是一位心理学家因为阅读《假如给我三天光明》有感，所以在熟人范围内进行了一个小测试。

问卷上有十几个问题，目的是通过假设来让人们意识到健康与生命的重要。

假如生命只剩下三天时间，你最想做的事情是什么？

假如一场车祸醒来失去了双腿，你还能做些什么？

假如最爱的食物摆在眼前，你却因为胃病而无法下咽，你最后悔的是什么？

……

当你设身处地地去想象这些境况的时候，你就会发现，现在这个可以跑可以跳，能吃能喝能睡的身躯，是命运给我们的多大的恩赐。

上了年纪的人，因为体会过病痛的折磨，因为知道青春不在，生命日短，所以往往格外重视身体健康，关注养生，关注运动，可是青春正盛的人总觉得，"健康"两个字与自己无关，因为疾病和死亡都是那样遥远的事情，所以从不去在意。

但是你有没有发现，现在各种疾病的患病年龄已经日趋年轻化，网络上各种年轻人患癌症的新闻也比比皆是，那些原本认为离我们很遥远的疾病，或许就在我们疏忽大意的时候正悄悄逼近。

我们总说，一分耕耘一分收获，其实这句话用在保持健康上也是一样的。你爱惜它，呵护它，它自然会带给你无穷无尽的收获，但是如果你一味地糟蹋、破坏，结果只能是自食恶果。

不要觉得现在重视健康为时尚早，因为保持健康的前提就是你还处在一个健康的状态，如果健康已经离你而去，哪里还有保持健康的机会呢？

4

女人，再忙碌也不要挤压吃饭的时间，饮食的规律是身体健康运行的基础，尤其不要因为贪睡或匆忙就忽略掉早餐，一顿完美的早餐，不仅仅象征着美好一天的开始，也是健康生活方式必不可少的一个环节。

多关注养生的知识，俗话说，求人不如求己，身体的状况如何，哪里不舒服，最了解的人还是自己，如果自己懂一些养生的知识，明白自己身体的缺陷所在，重点调理，一定会有意想不到的效果。

而且，这不仅对自己有好处，也会给身边的亲人朋友带来助益。

保持健康，运动自然是不能忽视的一项内容。不要做一个浑身赘肉的懒姑娘，要养成坚持运动的好习惯。空闲的时间，尽量远离电子产品，多参加一些户外运动，免疫力增强了，身体自然越来越棒。

其实一个人的健康，不仅仅指身体的健康，还包括心的健康。一个人心态的好坏，对身体也会产生至关重要的影响。

或许你会发现这样一个现象，那些乐观开朗、心胸豁达的人，他们的精神状态和身体状态往往也会比心胸狭窄爱抱怨的人好很多，他们的身上好像散发着一种光彩，气色红润，充满正能量。其实这就是心理健康在身体上最直观的反映。

中医上说，忧伤肺，怒伤肝。我们的每一种负面的心理状态，都会对身体产生潜移默化的影响，如果一个人长期处于负面的心理压力之下，那么他的身体状况可想而知。

所以，保持一个健康的心理状态，乐观地看待这个世界，学会掌控情绪，排解忧愁，化解愤怒，也是保持健康的一种重要方式。

生命对于我们每个人而言既是宝贵的，也是脆弱的。人生苦短，时间犹如白驹过隙，要做的事情太多，要珍惜的东西也太多，因此，拥有一个健康的身体对我们来说尤为重要。如果你已经养成了保持健康的习惯，请继续保持，如果没有，请从今天开始。

第21章 活在当下

幸福是 给予和得到

过去的已经过去了，死了的已经死了，活着的还要继续活着。

——玛格丽特·米切尔

1

人在年轻气盛的时候，总会盲目地去坚信一些所谓的真理，认为这个世界上所有的事情都会是一种顺理成章，比如有情人终成眷属，比如有志者事竟成。

然而越是行年经久，才越会发现，原来很多事情并不是我们想象中的一加一一定等于二，在现实面前，我们所信仰的那些真理其实是那样苍白无力，随时都可能被命运无情的大手轻易推翻。

就像这世界上除了期待的那些美好，还有许多必须承受的悲伤，除了如期而至的成功，还有许多即便拼尽全力也无能为力的失败，除了相爱与团圆，还有许多的离别与转身，除了唾手可得的幸福，还有许多的失望和遗憾。

所以，很多人由笃定开始转为怀疑，由怀疑变成怨恨，生活就在这样不知不觉的转变中，一点点变成了灰色调。

他们一边纠结着过去，对过往的遗憾耿耿于怀，一边寄过多的期望给未来，憋着一股劲想要在未来的某一天彻底翻身，而最终，过去的事情无法改变，未来的事情也并未尽如人意，终其一生，都在忧愁烦闷之中度过，何其悲凉。

其实很多时候，人之所以软弱和不幸，都是因为想要拥有的太多，却又无法如愿以偿，可我们应该明白的是，这世界原本就不是完全符合我们的幻想的。

我们不是童话里的公主，不是一定会出生在富丽堂皇的宫殿之中，不是一定会成为世界上最美丽的女子，不是一定会在最糟糕的那天与真命天子撞个满怀，不是一定勇敢就可以打败巫婆拯救世界，不是一定会跟白马王子一生相爱，从此过上幸福美满的生活……

这并不是谁的错，也并不是我们运气不好，而是因为这世界原本如此，命运原本就要经历坎坷，我们只是把它想象得太过完美，所以忽略了眼下的幸福，放大了过去的悲伤。

人生有着太多的痛苦和遗憾，但这并不代表，我们可以放任自己理直气壮地去悲观和堕落。

因为每一个被你浪费在悲伤里的今天，其实都是曾经的自己无限向往的那个明天，也都将成为以后的自己无限懊悔失去的那个昨天。

如果你为了昨天的遗憾而痛苦，为了明天的未知而担忧，那么就白白浪费了眼前这段美好时光存在的意义。就像泰戈尔的那句诗："如果你因为错过了太阳而流泪，那么你也将错过群星。"

中国有一句古话，叫作知足者常乐。其实这世上最快乐的人不

姑娘
你的光芒无可抵挡

是最富有的人，也不是最成功的人，往往是那些最懂得知足，最懂得珍惜眼前光阴的人。

因为懂得知足，所以明白每一个今天都来之不易，唯有微笑面对、好好珍惜才不会辜负；因为懂得知足，所以明白过去的遗憾都将随风逝去，不必背负着那些过往的负担，把自己的人生变成一场遗憾；因为懂得知足，所以明白人不能过分贪心，只要努力了，坚持了，就算以后的结局不够完美，也一样是生命中独一无二的宝贵体验。

生命不能负重，如果承载太多、渴求太多，人生的每一步都将艰难无比，所以，不妨活在当下，不留恋过往，不苛求于未来，只守住眼前这一片安然岁月，任世事变迁，任流年偷换，静默地盛开，静默地芬芳，淡然如花，平实而快乐。

2

几乎每一个到过加州的朋友，都曾跟我提起过一个神奇的地方，那是一座位于美国西海岸上的私人花园，如仙境一般绽放在加州的土地上，带给这片干旱炎热的土地一片世外桃源般的清新与宁静。

这座花园属于一位名叫露丝·班克罗夫特的百岁老人，人们尊称她为露丝·班克罗夫特夫人。

一次，一位事业不顺的朋友在醉酒后问我，假如我一辈子都是一个失败者，我会怎么做。

我回答她，如果可以，我想找一个风景优美的小乡村，陋屋两间，门外种一片花海，把不成功的每一天都过得恬淡舒适，充满阳光和花香。

这个答案的灵感，其实来自我所听说过的露丝·班克罗夫特夫人的故事。

20 世纪初，她出生在美国加州一个普通的家庭，从小的梦想就是成为一名出色的建筑师，为此刻苦读书，未曾懈怠，然而时运不济，一场席卷全球的经济危机不但摧毁了美国的经济，也让很多人的梦想付之东流，她很不幸地成了其中之一。

在房地产行业极度低迷的情况下，成为建筑师已然不可能，为了养家糊口，她不得不放弃自己坚持多年的理想，转而做了一名教师。

生活依然在继续，为了让失去梦想的每一天变得有意义一些，她开始通过养花种草的方式来装点生活，一开始只是在自己家的小院子里种一些花卉绿植，但是没想到这个爱好一发不可收拾，到最后变成了另一种事业。

到后来，植物越种越多，她竟然拥有了一座属于自己的私人花园。她在与花草与自然的相处中找到了一种宁静，住在花园中，修剪花草，喝茶读书，成了她生活的主要旋律，她如同一位超然世外的花仙子，在城市喧嚣匆忙流逝的岁月中，独自一人，守住了每一天的花开，守住了一片岁月静好。

　　随着政府和媒体的关注度越来越高，如今这座私人花园已经成为美国西海岸上一个著名的旅游景点，每天都有世界各地的游客慕名而来，但是，那座花园，那个花园的女主人，却丝毫没有受到商业化的影响，依然过着最简单的生活，安然于眼前的宁静美好，那份随性淡然，让人羡慕不已。

　　其实，我们这一生，可能成功，也可能失败，可能富有，也可能贫穷，但是决定你是否快乐的，不是这些外在的因素，而是你的内心。

　　如果你愿意珍惜每一天的生活，去做一个心态平和的人，那么无论是在巅峰还是在谷底，都一样可以获得人生最简单纯粹的那份快乐。

　　就算刚经受过失败的打击，就算坚持了许多年的梦想依然遥不可及，但只要你愿意在每一个还未曾看到希望的黑夜里笑着入梦，只要你即便看不到终点也愿意在泥泞的路上一边前进一边放声高歌，那么失败就不能成为你不快乐的理由。

　　就算眼下的生活是贫瘠的，就算别人轻松拥有的一切你都难以企及，但只要你愿意精心去装点这份贫瘠与简陋，让破旧的房子开满鲜花，让每天的自己都活得体面精致，那么贫穷就不能成为你不快乐的理由。

　　生命，可以是荒芜贫瘠，也可以是一树花开，拥有幸福的最好方式，就是安然于当下，用心经营，不问成败，不计得失。

3

感恩节的时候，我刚刚收到 L 从意大利寄来的明信片，明信片是定制的，正面是 L 自己的照片，背面写着一行简单的字："米兰的天空总是让人有莫名的感动，或许我一直寻找的答案，在此刻已了然于心。"

那张照片中，L 身穿一件浅灰色的棉布长裙，围着一条枣红色的薄围巾，站在米兰大教堂前的大广场上，满天惊起的白鸽从她的身前飞起，融合在米兰橘红色的夕阳下，如梦如幻。

不久前，L 还是国内小有名气的模特新星，而如今，长发美腿的她却推掉了所有不菲的预约，做了一个环游世界的旅行者。

17 岁时，她曾因为一部动漫而疯狂迷恋日本京都，但没有钱去。迫于生计，她独自一人来北京打拼，成了个孤苦无依的北漂。20 岁时，她曾无比羡慕那些家境良好可以出国留学的同龄人，却只能住着简陋的地下室，每天在咖啡馆里打零工。21 岁时，她机缘巧合被一家模特公司相中，靠着天生的样貌优势，迈入了时尚圈的大门，成了一名职业模特。

从那时起，她就有了一个执念，认为她这一生最大的意义就是要出人头地，她发誓要在 T 台上拼出属于自己的一方天地，不成功，便成仁。

半路出家的她在靠年轻吃饭的模特圈里已经失去了年龄的优势，想要出头，就只有加倍努力，为了保持身材，她每天坚持运动3个小时，整整几年没有吃过一顿最爱的火锅，每次出活动前三天都严格控制饮食，控制碳水化合物的摄入。为了培养体态，她把大部分积蓄都用来投资舞蹈课，先后学过拉丁、芭蕾。

她就像是被上了发条，脑子里只有一个简单的目标，就是成为一名优秀的模特，让所有人都看到她的成功。

她从没有想过成功之后去做什么，人生会有什么样的改变，只是像一个被灌输了意念的机器人一样，马不停蹄地往前奔。

直到那一天，25岁的她站上了那场备受关注的时装秀的T台，成了娱乐版面相继报道的模特新星。当接到的走秀、代言和综艺节目的邀约一瞬间如同雪花一般扑面而来，当那些曾经对她爱答不理的人突然对着她卖力讨好，当账户里的存款飞速增长再也不用为房租发愁，当无论走到哪里都会遭遇狗仔队跟拍和"粉丝"蜂拥，她突然发现自己的人生失去了前进的动力。

就像是一辆奔驰的列车，所有的目标就是为了奔向一个既定的终点，可是当付出了所有艰辛，终于到达终点的时候，却一瞬间不知道接下来该何去何从，剩下的只有对过往的感慨和无尽的落寞。

感慨的是这些年拼命向前跑的那个自己，原来其实忽略了生命中的许多东西，她已经忘了素颜出门是什么感觉，忘了麻辣火锅是什么味道，忘了自己曾经那么想去看看这个世界。

到这时，L才恍然发现，原来她一直拼命去奔赴的那个终点，恰恰是一道屏障，让她在这么些年的时光里低头疲于奔命，却错失了生活中太多的点滴美好。

她为了一个结果，付出了牺牲全部过程的代价。

于是，半年后，她停掉了自己所有的工作，乘上了前往欧洲的飞机。

在旅途中，她不断地写信给国内的朋友们，告诉我们她的所见所闻，她的欢乐和忧愁，前不久她告诉我，她已经申请到了澳大利亚的旅游工作签证，结束了欧洲的旅行之后，就要前往澳大利亚，开始一种全新的生活。

4

L的经历，让我联想到曾经看过的一篇关于佛教的故事。

故事中说，有师徒二人一心向佛，为了到达佛祖所在的圣地灵山，不远千里踏上了朝圣之路。这一路要翻过高山，跨过大河，走过沙漠，要风餐露宿，忍饥挨饿，他们走得异常艰辛，但是心志坚定，从来没有想过放弃。

他们在沙漠中艰难地跋涉了许多天，食物和水都吃光了，才等来了一支路过的商队，得到营救。但是不幸发生了，由于太过劳累，

徒弟在走出沙漠后就一病不起，已经再也没有赶路的可能了。

为了不耽误师父的朝圣之路，虚弱的徒弟请求师父一个人上路，师父却坚决不肯抛弃病重的徒弟。

日子就这样一天天耗下去，眼看到达灵山无望，两人都是焦急万分，越是焦急，徒弟的病越难以痊愈。

直到有一天，他们遇到一位云游到此的得道高僧，听说了他们的故事，高僧哈哈一笑，对师徒二人说："灵山不在远处，就在你们的心中啊。"

师父恍然开悟，安慰徒弟好好养病，说病好之后两个人就返回家乡。

徒弟很困惑，师父对他说："我们是发愿要去灵山朝圣，我们也确实上路了，也确实尽力了，既然尽力了，那么最终是否真的到达了又有什么关系呢！其实，灵山不在远方，而是在我们心中啊！"

没错，灵山不在远方，也不在未来，它就在我们心中，在当下的每一分每一秒中，只要你放下心中的执念，用心去经营，去体会，就能看到它的光芒。

5

你是否曾体会过明明未来很明确，却走着走着就迷失了自己的那份恐慌？

你是否曾因为难以释怀的伤痛而捶胸顿足，觉得生活失去了所有的希望？

你是否曾因背负了社会赋予的太多压力，而面对前路感觉到压抑和茫然？

你是否埋怨过命运太曲折，世界太喧嚣？其实，这个世界很美好，只是我们的心太过浮躁。

你把所有的心思都用来关注一个遥远的目标，却忘了其实生活应该是眼前的每一个清晨和傍晚，应该是身边的每一场花开花落。

你的双眼全部用来注视前方，哪里会看得到脚边落叶的美丽？你的双耳全部用来听尘世的喧闹，哪里会读懂远方斜阳的心事？

我们都是浩瀚宇宙中一个微小的存在，是无垠时间里一个匆匆的过客，总有些事来不及，总有些人等不到，但只要于浮沉之中守住一颗平淡之心，竭尽全力去发掘眼前的点滴美好，就一定能够在最荒凉的土地上找到一块可以耕耘的土地，为未来的自己撒下一份希望的种子。

人活一世，草木一春，不如就在历经沧桑之后，找回原本天真的微笑，在风雨萧瑟之中，学会自己为自己取暖。

那些哭过的，难过的，痛过的，总有一天会成为过去，那些期待的，该来的，总有一天会如约到来，又何必为自己徒增烦恼，白白葬送眼下的幸福呢？

　　不如就学会笑对一切，把握当下每一天的美好，于时光深处，静看每一次日升月落，让生命的每一天，都明媚如春光。